前言

各位同學對微積分的印象是什麼呢？我認為微積分這門學問實在太有趣了，恨不得能立刻和眾人分享。因此，當我計畫透過漫畫呈現各領域的數學時，決定先從微積分著手。

各位同學，你們知道嗎？最初我也覺得微積分索然無趣；甚至在大學聯考時，微積分是最不擅長的領域。當時，我認為「微積分只是為了計算而計算罷了」。

現在，雖然這種想法逐漸淡了，但是我對微積分依舊存有根深蒂固的印象。有一次，我受託撰寫微積分和積分的書籍（直排式印刷），一時不知道該如何是好。因為直排形式完全不適合「數式計算」。不過，當時我一心希望克服自己不擅長的微積分和積分，所以接下書籍撰寫委託案；現在回想起來，只覺得當時為了一己之私，實在過意不去。

然而，現在我非常感謝對方委託撰寫「直排形式」的書籍。因為，託那本書的福，我對微分和積分的印象有了一百八十度的轉變。「微分和積分＝僅是計算的學問」根本是誤解，我真心認為其實「微分和積分樂趣十足，而且圖形豐富多變」。

雖然嚴密主義者批判「微分和積分不是數學」，但仍有許多數學家持續使用，我想就是因爲圖形的魅力吧。此外，微分和積分是廣泛運用在自然現象、社會現象、日常生活等方面。換言之，雖然仍有錯誤的疑慮，微積分的價值讓數學家甘冒風險。

現今依舊有「數學相關人士」論及微分和積分時，認爲「只能對理科專業提供微薄周邊效益」，或「爲什麼必須學習這種艱澀難懂的學科」（引自1989年底日本全國性報紙）。此外，甚至連雜誌《數學補習班》（数学セミナー）都窮追猛打似地加油添醋：「微積分的數學教育效果，在於其抽象性是非人性的」。

事實上，應該針對微積分這項科目檢討改善對策，設法將「艱澀難懂、索然無趣、完全派不上用場」等論點，轉換爲「應該運用哪種教材，採用哪種教學方式」等具體內容。

關於前述對微積分的觀點，我希望透過本書來扭轉劣勢（另請參照通信教育《改變工作方式的數學構想補習班》〔仕事のやり方を変える数学の発想塾，實務教育出版〕）。

很久以前，責任編輯高橋忠彥先生期盼我出版「微分和積分問答」形式的數學書籍，這個願望終於透過本書得以實現，感謝他寬容（假設他已經諒解我了）的胸襟。此外，感

6

謝為本書繪圖的藤岡文世先生；還有多方助言和協助的講談社柳田和哉先生、大樂祐二先生；埼玉大學的柴田教授；科普作家中宮寺薫先生、龜井清先生；學生星野千春、長澤惠美、中川暢子、小池曉子、吉見朋子、橫田優子、安川優、平岡一志、內野敬子等。最後感謝在本書企畫階段，賜予我發言機會的靜岡縣高校數學教育委員會，以及北海道和神奈川的教育研究所的諸位人士。

登場人物介紹

老師

小秋　建中

阿郎　小凡　踐哥
（海外留學中）

神祕作者

目次

第一章 如何計算捲筒衛生紙的長度？

―微分和積分的概念―

在日常生活中，其實我們經常用到微分和積分的概念。本章將舉出實例，介紹究竟什麼是微分和積分。透過微分和積分來助一臂之力，許多問題都可以輕鬆迎刃而解，不需要再絞盡腦汁，算得頭昏眼花，滿頭大汗。

從實際測量到紙和鉛筆

生活中常常需要測量捲曲物品的長度,其中有些物品是非常重要的

無論是不是黃金捲筒衛生紙

我就立刻埋藏到祕密場所

廁所是

聚寶盆嘛

噗!

因為已經有實例了呀

對呀

?

老師!錄影帶就非常重要,對不對?

妳舉的例子非常好

爸~爸~!有86㎝唷

這卷錄影帶很珍貴的

啊~~

17

如何輕鬆計算呢？

$$S = 20\pi + 19.9\pi + \cdots + 10.1\pi$$

＊以紙張外側的半徑計算。

雖然結果會大於實際長度，但在誤差範圍內！

先解決一個問題了

難道還有其他問題嗎？

這個問題曾經出現在私立中學名校的入學考試裡

大家想到什麼了嗎

有名私立中入試問題

老師的意思是這種中學入學考試非常難嗎？

我不是這個意思

究竟哪種人去參加這種入學考試啊？

根本就是異類嘛

反正這些人一定頭腦有問題

嗚嗚～

頭腦有問題的根本就是……

老師是問這是幾年級的考題

我知道了！既然是國中入學考題，所以是小學六年級的題目囉

21

數學是相互關聯的

我們利用面積算出⊙的長度，但為什麼這是積分的概念呢？

同學們知道為什麼取名為積分嗎？

我知道！為了分解堆積吧。

堆積分解

剛才我們把圓形分解為同心圓的圓周，然後再拉開計算

想起來了！

不對啦！其實是分解面積計算的意思啦

沒錯

什麼？

這麼麻煩啊

嗯～半徑為 r 的圓，圓周是 $2\pi r$ 中心角是 $2\pi r$ ⋯⋯

這個概念非常有用喔

各位知道為什麼扇形面積是 $\dfrac{lr}{2}$ 嗎？

半徑 r 圓弧長 l

咳…咳

讓我們再試試19頁的高斯計算法

$S = 1 + 2 + \cdots + 99 + 100$ 的計算，對不對？

同學們，

從 $S = \dfrac{101 \times 100}{2}$ 中，

有沒有注意到什麼？

沒錯！三角形面積計算和 $1 + 2 + \cdots + 100$ 係親戚關係喔

真的？為什麼？

如果 $S = \dfrac{a \times b}{2}$ 的話，有沒有想到什麼呢？

我知道！這是 $S = \dfrac{a \times b}{2}$ 對不對？

從1寫到100太麻煩了，先從1寫到9

這些硬幣的數目是 $1 + 2 + \cdots + 9$

以的確可以排成三角形呢…不過

24

一目了然的圖表

26

我回來了——

爸爸，電視快壞掉了啦！

你回來啦

先來看看這本的圖表

漫畫數學入門

剛～

這是電視尺寸和價錢的圖表啦

每次都故意岔開話題

啪啪

這是1988年的圖表

43吋 190萬日圓

金額（萬日圓）

25

50
40
30
20
10

15 19 25 29 33 37 43

尺寸（吋）

＊請參照《漫畫數學入門》（筑摩書房出版）

圖表的斜率問題

1942
沃莫丹
(4.77m)

1964
漢森
(5.28m)

196
西格
(5.41

1962
尼古拉
(4.94m)

1937
賽夫
(4.54m)

線段的斜線啊

紀錄的成長在圖表中用什麼來表示呢？

1964
漢森
(5.28m)

1968
西格倫
(5.41m)

1962
尼古拉
(4.94m)

分析撐竿跳高圖表時，可以知道紀錄突然飛快進步是有原因的

我知道！物價曲線圖

日常生活中有哪些經常出現的曲線圖呢？

斜率
$\frac{n}{m}$

n

m

答對了！觀察斜率是曲線圖的重點

（日圓）土地價格
（札張市A地點）

泡沫經濟時期

泡沫經濟瓦解

列島改造論(12)

（年）

圖表線條急速上揚，問題實在太嚴重了！

簡直害苦老百姓

我們看了不少曲線圖，其中是有共通點的

胡說八道！……

成績怎麼能用斜率評估，要看絕對值啊！

嘿嘿，不好意思

所有圖表都上上下下的

的確如此啦⋯

滑～

我知道！所有橫軸都表示時間

我知道！

沒錯

曲線圖是顯示變化過程

是嗎

除了時間，橫軸也可以表示緯度或溫度

體積

0　4

水溫（℃）

32

80km/h 表示什麼？

最熟悉的曲線圖實例就是火車時刻表

裡面刊載「希望號」新幹線列車的時刻表

橫軸是表示時間，縱軸表示距離

我有問題

什麼呢？

斜率是表示速度囉

對，對

36

微分和積分的關係

大家了解「微分」名稱的由來了嗎？

我早就知道了啦

計算瞬間速度是微分概念

也就是將曲線部分擴大，擷取其中一段來觀察

不對啦！應該是細微分解，再加以分析啦

呼

微分就是微微分心啊

微微分心啊

微微分心

你根本是完全分心啊

無力

擷取部分曲線之後，線段也能夠是切線的一部分

瞬間速度是80km/h，就是一小時能前進80公里的意思

80公里！

我才前進10公里啊～

停

切線

80km

這裡是80km/h

1小時

38

長條圖和積分的關係

解說

測量捲筒衛生紙長度的方法很多。

最原始的方法是將捲筒衛生紙全部拉直之後，以尺測量。這項方法的優點是不需動腦；但缺點是需要勞力，而且捲筒衛生紙全部拉開之後，失去商品價值，就無法銷售了。

因此，我們進入「紙和鉛筆」的數學世界，發現其實只需要計算圓周長度，不需拉開捲筒衛生紙，就能夠知道總長度。圓周長度是西元前3世紀時阿基米德發現的。只要手邊有「紙和鉛筆」，就能解決問題。但這種計算方式還是過於複雜，因為總共要相加一百個數字。

解決大量數字總和的方法就是「等差數列總和公式」。利用這種方法，可以輕鬆計算出定量遞增的數字的總和。

然後，若能更進一步利用積分的概念，即使是小學生都能解決這個問題。

如此一來，我們能了解數學隨著進化，使計算變得更輕鬆簡單。事實上，數學是一門讓事物更簡單易解的學問。從書中各項說明可以知道，微分和積分並非只是計算的學問，

42

而是減少計算的學問。

此外，根據微分和積分，還能找出扇形和三角形等的關聯性；甚至發現數列總和公式和三角形面積公式的相似性。不僅如此，在後面的章節中，許多圖形的量還能透過微分和積分來找出共通點。

＊本章的捲筒衛生紙計算方法，請參照通信教育《改變工作方式的數學構想補習班》，以及《圖解微分和積分》（絵でわかる微分と積分，日本實業出版社）。

註釋

1　「紙」和「神」日語發音相同。

2　Marc Wright，1890-1975，美國撐竿跳高選手。

3　Frank Foss，1895-1989，美國撐竿跳高選手。

4　Charles Hoff，1902-1985，挪威撐竿跳高選手。

5　Bill Sefton，美國撐竿跳高選手。

6 Cornelius Warmerdam，1915-2001，美國撐竿跳高選手，最早跳過15呎，也是最後一位以竹竿創紀錄的運動員。

7 Pentti Nikula，1939-，芬蘭撐竿跳高選手。

8 Fred Hansen，1940-，美國撐竿跳高選手。

9 Bob Seagren，1946-，美國撐竿跳高選手。

10 Wladyslaw Kozakiewicz，1953-，波蘭撐竿跳高選手。

11 Sergei Bubka，1963-，烏克蘭撐竿跳高選手，世界紀錄保持人，綽號「鳥人」。

12 日本前首相田中角榮的主張，主旨是以高速交通網（高速道路、新幹線）連結日本列島，促進地方工業化，解決人口過剩過少和公害等問題。

13 「僧侶」和「總量」日語發音相似。

44

第二章 白蘿蔔切薄片，思考體積

——微分和積分的定義——

接下來談談微分和積分的定義。不過，請別過分拘泥於定義，本章的用意是更清楚說明第一章「微分和積分是計算切線斜率及面積」的觀念，只需要約略了解就可以了。

微分的定義

$P(a, f(a))$ 切線斜率

$= \lim_{h \to 0} \dfrac{f(a+h) - f(a)}{h}$

這就是計算結果

這是表示 P 的切線斜率，對不對？

$\lim_{h \to 0}$

h 愈來愈接近 0 的寫法就是 $\lim_{h \to 0}$

P

只要在每個點畫上切線就可以了

只要是圓滑的弧線，任何一段都能計算

我們只計算了點 P

$f'(x) = \lim_{h \to 0} \dfrac{f(x+h) - f(x)}{h}$

這就是導數

這個稱為「導數」，寫成 $f'(x)$

求 $f'(x)$ 就是微分

把剛才計算式中的 a 改成 x 就行了呢

$y = f(x)$

$(x, f(x))$

賦予 x 點斜率的函數（$f'(x)$）

還能計算表示每個點切線斜率的函數

如此一來，
我們也能夠預測
x^n 的微分

$x = x^1$ 的導數 1
x^2 的導數 $2x$
⇩ 預測
x^n 的導數
nx^{n-1}

理論說明
好像有點
粗略耶

※請讀者試試 x^3

這應該
是非常
簡潔的
微分說明啦

我懂～了

結結巴巴

老師又
在打馬
虎眼了

小凡，
快去
唸書！

我已經
唸完
微分啦

卡哩卡哩

哈哈哈

這孩子
究竟在
扯些什麼
啊

細分區間是
很重要的事啊

即使時間短，
只要集中而且
豐富就可以啦

微分真是
方便啊

細分後的每一
小份都有豐富
的營養價值

什麼嘛～

魚肝油

濃厚牛乳

什麼！
宵夜怎麼只有
魚肝油和牛奶～

49

積分的定義

圓周率

我知道一些喔

真的嗎？

噹～

噹～

很少聽過「一網打盡」的方法耶

阿基米德想到「一網打盡」的方法

咦？不是要「一網打盡」城市名中有「鳥」的嗎？

才不是呢

嗯，尾鷲、鴨川、鴻巢、燕、鶴岡、鳥取、鳩之谷、鳥栖、舞鶴、三鷹……

口羽縣河～

等等，不對啦

旅行社

例如，量量北海道的面積吧

這個方法至今依然有效

北海道旅行

59800

「一網打盡法」是將弧線取近似三角形，然後計算面積的方法

如此一來，就能用梯形的面積或三角形的計算方式了耶

什麼嘛

54

從這張圖計算的話，可以算出8,400km²

取得兩個近似三角形的方法耶

真是大膽冒險

$$\frac{400\times(190+230)}{2}=84000km^2$$
（實際上是 83500km²）

400 km

230km　190km

0　100　200 km

但只要多餘陸地部分等同於海洋部分，結果其實是差不多的

原來可以用兩個三角形來計算啊

不過，這個方法很粗略耶

原來如此

阿基米德認為只要增加多邊形的頂點，就可以更接近原來的形狀

的確如此耶

嗯⋯

外接正六邊形的面積 $\frac{6}{\sqrt{3}}$

內接正六邊形的面積 $\frac{3\sqrt{3}}{2}$

∴圓面積 S

$$\frac{3\sqrt{3}}{2} < s < \frac{6}{\sqrt{3}}$$

$2.598\cdots < s < 3.464$

正96邊形　　←　　正12邊形

因為

$3.1409 < s < 3.1428$

所以，S ≒ 3.14

例如，可以用這個方法求半徑1的圓面積

以內接正多邊形和外接正多邊形計算

半徑是1，所以面積是 π

這個圓的面積表示什麼呢？

$\pi \cdot 1^2 = \pi$

如果是九十六邊形的話，幾乎是圓形了耶

那他應該改名為「阿基米圓」呀

哈哈哈哈

不…不對啊

所以，他是史上第一個算出圓周率的人喔

值得佩服呀

哇！

阿基米德

北海道
每邊 = 20公里（400平方公里）

213 × 400 = 8.52萬

愈縮小方格，愈接近實際面積耶

北海道
每邊 = 5公里（25平方公里）

3354 × 25
= 8.385萬平方公里
（實際上是 83,500km²）

利用這種方法，還可以算出圖表面積喔

去年的出生率

利用万格計算，對不對？

如果拿掉橫線，就和長條圖一樣耶

被你們看出來了！不過這是很重要的喔

再看一個例子

人數

$y = f(x)$

分數 (x)

小凡的名次 $= \int_{100}^{800} f(x)dx$

（小凡的分數）

我本來想說縮小面積，可以提高自己的名次～～

真希望你能正用點腦筋在正途上……

咦？小凡，你在做什麼？怎麼畫那麼小的圖表……？

這是學測成績，表示得分700分以上的人數

700 分以上的人 $\int_{700}^{800} f(x)dx$

人數

$y = f(x)$

分數 (x)

是 $\int_{700}^{800} f(x)dx$ 對不對？

體積也是積分

積分也能運用在計算體積上喔

但是，我覺得面積和體積好像非常不一樣耶……

這裡有一根白蘿蔔

真想吃黑輪……

誰來幫忙把白蘿蔔切片呢

包在我身上！

切好了！

剁，剁，剁

果然切得很漂亮！

我對食物很講究的呢

不過，還無法贏過媽媽

啪，啪

接著想想體積吧

什麼？不是要煮嗎？

旋轉體的體積

什麼？
還有其他
體積的
問題喔

經常出現的
體積問題
還有
旋轉體
的體積

還能計算166頁中
迴轉體以外
的體積

真的啊
ＺＺ

不過，只要明白前面
談的概念，這個問題
其實非常簡單

旋轉體的問題
經常出現在
入學試卷中

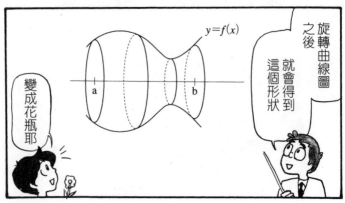

$y = f(x)$

a　　b

變成花瓶耶

旋轉曲線圖
之後
就會得到
這個形狀

x 是 t 時，橫切面的面積是多少呢？

這是半徑 $f(t)$ 的圓，所以 $f(t)$ 的是 $\pi\{f(t)\}^2$

什麼「ㄒㄧㄢ　ㄓㄨㄥ　ㄑㄩ……」？

睡眼惺忪

然後就可以得到

$$\pi\int_a^b \{f(x)\}^2 dx$$

就是積分旋轉體的橫切面

$\pi\{f(x)\}^2$

開幕大方送

柏青哥

人潮洶湧～～

哪裡？在哪裡？哪裡有旋轉替換？

精神渙散

腳步跟蹌

什麼嘛！原來是夢見柏青哥啊！

基本定律

保母日？

什麼啊？

相反地，微分 x^n 之後，然後再積分，也幾乎能回到 x^n

$$\int x^n dx = \frac{x^{n+1}}{n+1} + C$$
$$\left(\frac{x^{n+1}}{n+1} + C\right)' = x^n$$
也就是
$$\Rightarrow \left(\int x^n dx\right)' = x^n$$

積分 x^n 之後，再微分，就能回到 x^n

所以，微分和積分其實是逆運算

這就是「逆運算」的含意

$$(x^n)' = nx^{n-1}$$
$$\int nx^{n-1} dx = x^n + C$$
$$\Rightarrow \int (x^n)' dx = x^n + C$$

只有積分常數 C 不同，一樣不受影響

喔！原來如此

$$\left\{\int f(x) dx\right\}' = f(x)$$

沒錯！

但是，大家不覺得幾乎都能成立嗎？

嗯……

但是函數不一定是 x^n 的形式啊

如果 $\int f(x)\,dx = F(x)$

$y = f(x)$

面積
$F(x)$

0　　　　　　　x

只要微分
$F(x)$
就行了

只要回到微分和
積分的基本，
其實非常簡單

讓我們來
證明看看

$F(x+h)$

$\left(\begin{array}{c} h \text{愈小}\\ \text{愈好}\end{array}\right)$

$F(x)$

$x\ \ x+h$

以寬 h 的
長條圖，
求相近面積

這裡的概念是
「面積是長條圖」

$f(x)$

面積
$f(x) \times h$

$x\ \ x+h$

面積是
多少呢？

所以
高度 $f(x)$，
寬度 h，
……

$f(x+h)$
減去 $f(x)$
之後呢？

然後

正好
只剩下
一個長條

68

解說

大家從小學開始，一定畫過非常多次圖表吧。大家是否想過「為什麼要畫圖表，真是麻煩透頂」！如果不知道畫圖表的理由，肯定非常討厭這門功課。其實，畫圖表的動機是非常重要的，甚至能夠決定教材是否獲得學生青睞。

第一章出現幾個深具意義的圖表。這些用在自然科學、運動、經濟等各領域的圖表，主要是為了導出法則、原理和訓誡。

微分和積分最能有效分析這些圖表。簡單說，微分和積分各自扮演的角色是：「微分是在圖表上畫切線的作業」，「積分是計算被曲線包圍部分的面積」。但是，一定有人質疑：「咦？微分不是積分的逆運算嗎？」的確，目前的高中教科書以這種說法為主流。因為這種說法比較輕鬆易解。但事實上，這種說法反而容易使積分更難理解。我懷疑從前以為微分和積分「只是計算」的原因之一，就是受到教科書的影響。在後面的章節中，將搭配數學史來做說明。請注意，「微分的逆運算——積分」，其實比微分早誕生了兩千年。

此外，微分和積分為「逆運算」，是經過牛頓和萊布尼茲證明的「基本定律」。

70

註釋

1　「幾乎」和「保母」日語發音相同。

第三章　為什麼微分比較晚出現？

——微分的前史——

如果能夠了解微分是怎麼發現的，就可以更深入理解微分的意義，以及微分為什麼比積分晚出現，並且體認數學與社會動向絕對有著密不可分的關係。

為了微分

啊！就是那個光屁股大王…

我們之前提過阿基米德

除了光屁股亂跑之外，他還做了什麼事呢？

你總是只記得沒有關係的事

他在西元前3世紀發明了積分。同學們，猜猜看微分是什麼時候出現的呢？

在積分之前嗎？

微分之前嗎？

因為積分比較晚才學到啊

NO！微分是在兩千年之後才出現的

哇！

微分是圖表的切線，所以，還有什麼是必要的呢？

嗯…

當然是不丟臉的圖表囉

倒～

建中

小凡

74

據說座標是笛卡兒發現的，大家來比較一下，他和阿基米德兩個人半斤八兩吧

嗯⋯

光屁股

大屁股[1]

不對，不對！兩人時代相差了兩千年

喔

笛卡兒
1596-1650
著作《方法論》的名言「我思，故我在」

據說笛卡兒在多瑙河畔的露營地做夢時，得到座標概念的靈感

真的啊~

喂！又在打瞌睡做白日夢！

打鼾聲~

嗯啊

夢話

76

培育數學之父是必要的

笛卡兒從軍時，發現這件事並非偶然

長久以來，除了《聖經》之外，歐幾里得的《幾何原本》也是永遠的暢銷書，兩本書都又厚又難懂

第一名 聖經

第二名 幾何原本

難懂說不定是一件好事

……

為什麼呢？

內容難懂就會打瞌睡，厚書剛好拿來當枕頭

倒！

對了，我平常都用日語大辭典當枕頭喔

我的枕頭是蕎麥殼

等等！現在不是在討論枕頭啊！

咦？書還有哪種用途？

但是不能吃啦

長久以來，這項幾何學深深影響歐洲

可是到了近代，這項幾何學不再有影響力

一直用就好啦，為什麼要變呢？太麻煩了～

大砲射程愈來愈精準，而且天文學等物理學愈來愈興盛

大砲的砲彈軌跡呈拋物線，天文學上則常出現橢圓軌跡

因為現實需要吧

其實呢……阿基米德和阿波羅尼奧斯的拋物線及橢圓研究，一度超越《幾何原本》……

↑ 阿基米德投石器：
利用兩根木頭作為投射彈弓

幾何學和代數學的統合

如果圖是代數式
$(x-a)^2 + (y-b)^2 = r^2$

(a, b)

r

(x, y)

透過座標，
幾何和代數
連結起來了

座標

代數

幾何

幾何＝困難＝代數

倒～

幾何和
代數的
性質
非常不同

老師，
都
一樣啦

幾何是圖形，
代數是數字，
對不對？

呼～

不對，
依照你的
說法，
所有科目
都一樣
困難啦

不！體育
對我來說
一點也不難

你們兩個！

連結性質不同的物質，通常能夠獲得意想不到的美妙結果

不僅數學如此，其他學問也一樣

同學們能舉出實例嗎？

我知道

例如植物，紫根很深的野玫瑰，結合能夠開出漂亮花朵的玫瑰

沒錯，很好

我也知道有一種叫「番鈴薯」的作物

番茄

馬鈴薯

果然是現實派

我也可以運用在唸書上

語言學和機率

好厲害喔

看來機率太低了

碰！門同平（2）

（中文？→）

83

幾何是圖形，代數是數字或方程式

所以特徵是什麼呢？

嗯～

讓我們區分清楚幾何和代數的不同

我想應該是圖畫得不太正確也沒關係

但是計算錯誤，就會被打叉

嗯……幾何的話，我不會畫圖；代數的話，我只會計算

錯誤，我只會計算差不多吧……

等……等等……

| 代數 | 嚴密 | 正確性高 |
| 幾何 | 直覺 | 容易判讀 |

沒錯，你說得對！

費馬的成就

笛卡兒是座標創始者，有很高的歷史評價

現今使用的直角座標甚至稱為「笛卡兒座標」

笛卡兒座標

因為座標而得到高評價啊

不過，費馬幾乎同時間也想到座標的概念

ㄉㄟ ㄉㄚ～

費馬
1601
-
1665

除了微分和積分之外，還有多項代數相關成就

對曲線或直線的概念比笛卡兒更有系統，而且更簡單易懂

不過，因為笛卡兒先出版了關於記號的傑出作品

只因為搶先了一步？

費馬的成就獲得許多數學史家的高度評價

真的啊～

費馬只把數學當作興趣，所以沒有留下著作

總之～

不～老師實在不懂音樂

我也不了解數字啊

這項很著名的費馬大定理，其實是寫在古典數學書中空白的地方

費馬大定理
$x^n + y^n = z^n$
$(n \geqq 3$
x, y, z, n 為自然數$)$
無法成立 但是
$n = 2$ 時則成立
$3^2 + 4^2 = 5^2$
$5^2 + 12^2 = 13^2$
$\vdots$

哇～～

後來驗證他確實證明了這項理論

證據確鑿

喔～

喔～

空白處寫著非常有名的話

「我證明了一項偉大的理論，但是空白處太小，寫不下了」

嗯～

沒有地方寫了啦

只是非常可惜，沒有多餘的空白處讓他寫完

老師！我也有同樣的經驗

小凡大定理?!

○○○……

沒有紙的時候，真是叫天天不應，叫地地不靈啊

WC

幫我拿卷衛生紙啊～！

靜～～

你又扭曲我的話……

是嗎？

?

費馬還以座標分析曲線

費馬為了分析曲線，在曲線上畫上切線

笛卡兒呢？

笛卡兒也曾經研究切線啊

切線

拋物線

大砲筒就像是砲彈拋物線的切線呀

沒錯，沒錯

因為費馬先研究出來了

所以，笛卡兒的確是微分的創始者之一

之一？

微分是抽象的

速度和加速度

行駛距離、

大家想想汽車

舉例來說，

有其他理由喔

老師還提過

座標有關之外

的原因，除了和

微分很晚才出現

我們來整理

複習一下

這個解法在36頁

教過喔

Δx

Δt

行駛距離

這個圖表的

切線表示什麼？

時間

就是速度

行駛距離的微分

換句話說，

速度呢

才會想到

反而要提醒

前進距離，

大家

都會注意到

沒錯，沒錯

瞬間速度

的比率，所以是

前進距離Δx之間

時間Δt以及其間

我知道！是極短

解說

為了深入理解微分和積分的意義，追溯發展軌跡也是非常重要的。因此，本章追溯微分的發展過程。前面章節曾說明微分是「在曲線上畫切線的作業」，從這項說明可以知道微分概念比積分概念晚出現的一個原因。

那就是座標空間的確立。如果只是在曲線上畫切線，只需要在平面上畫出曲線，再畫出鄰接的直線即可。事實上，圓形切線在微分之前就已經開始使用（初級幾何已有「切線和弦所形成的角」定律）。

然而，如果必須「求取曲線上的曲線切線斜率」時，就需要確實的直角座標。

另一方面，積分依舊是「曲線所圍繞的面積」，即使出現座標空間，還是在這個定義範圍內，不受座標空間影響。

「微分較晚出現」的另一項原因是，不斷微分函數之後，會愈來愈抽象，不符實際。各位想想，平分一塊餅乾給兩個小

切線和弦所形成的角

96

朋友時，光是評斷誰分到的餅乾面積比較大，就可以吵翻天了吧，哪還有閒工夫在餅乾形狀的外圍曲線上，再劃上切線。切合實際的例子是速度與行進距離的關係。汽車從A地到B地，車主會思考花費的時間，或是消耗的燃料費等；只要不超速，車主不會考慮瞬間速度的問題，也就是積分之後的總量，對車主才有用處。

本章和下一章也請參照我的著作《構築數學世界的天才　上·下》（数学を築いた天才たち上·下，Blue Backs系列）、《漫畫數學入門》（マンガ数学入門，筑摩書房）。

註釋

1 「笛卡兒」和「大屁股」日語發音相似。

2 麻將用語，「門前」、「同順」、「平胡」的略稱。

3 「古米」和「變化」日語發音相同。

第四章 細分計算面積

——積分概念的發展——

第一章提到，西元前3世紀，阿基米德就已經運用積分的概念。那麼積分後來的發展如何呢？

卡瓦列里的原理

卡瓦列里 1598?-1647
伽利略的弟子
促進積分法的萌芽

費馬計算積分時，也用 $\int x^n dx$

這項說法在「卡瓦列里的問題應答集」中獲得證實

什麼？卡瓦列里是什麼啊？

大家看，這裡有一張白紙

卡瓦列里發現「平面是由無限多的直線所構成」，也就是面積是線段的總和

並列剪開的長紙條，面積依舊沒有改變

我們剪開白紙⋯⋯

嚓嚓 嚓嚓

如果再把這些長紙條剪得更細的話，會變成怎樣呢？

每張長紙條如果都等長，面積也會相同

其實這就是積分啊

卡瓦列里原理

又胖又矮的人

又高又瘦的人

如果橫切面長度相同，面積也相同

這就是卡瓦列里原理呀

對，對

卡瓦列里原理真是方便好用

你在做什麼！

住手！

喂！小凡，你在做什麼？

啊！成績單！

喀嚓喀嚓

這個方法也可以用在立體的情況

接著要教橫切面面積，對不對？

橫切面面積都相同的話，體積也相同

呼～

剪開了，再黏貼回去就好了嘛

被剪碎的成績單

黏來

黏去

你要設法恢復原狀

立體的卡瓦列里原理

橫切面面積相同的話，體積也相同

S'_1

S'_2

S_1

S_2

例如：$S_1 = S_2$，圓錐體高度相同的話，體積也相同

西元前75年，西塞羅發現並修復他的墓碑

哇

一定很辛苦困難吧

據說，阿基米德也知道這個原理

什麼！在西元前3世紀嗎?!

如圖般並列且比較半徑 r 和高 r 的圓錐體、半球體、圓柱體的橫切面

$$\pi r^2 \times \frac{h^2}{r^2} = \pi h^2 \qquad \pi(r^2 - h^2) \qquad \pi r^2$$

（底部和橫切面的相似比是 r：h）

※墓碑上寫的其實是關於力學，本書改寫爲數學式論述

橫切面面積 πh^2 ＋ 橫切面面積 $\pi(r^2 - h^2)$ ＝ 橫切面面積 πr^2

然後

面積 πr^2　　　面積 πr^2

體積　　　　　　體積

$\pi r^2 \times r = \pi r^3$　　$\dfrac{r \times \pi r^2}{3} = \dfrac{\pi r^3}{3}$

$\therefore$　　$= \pi r^3 - \dfrac{\pi r^3}{3} = \dfrac{2}{3}\pi r^3$

然後圓柱體積減去圓錐體的體積

半球體的體積是 $\dfrac{2}{3}\pi r^3$ 耶

$x^2 + y^2 = a^2$

面積 πa^2

$\ell : m = a : b$

$\dfrac{x^2}{a^2} + \dfrac{y^2}{b^2} = 1$

因為橫切面長度比是 $a : b$
橢圓的面積是 $\pi a^2 \times \dfrac{b}{a} = \pi ab$

非常好！

阿基米德真的是用卡瓦列里原理耶

所以，有些人認為在阿基米德時代就已經出現積分

原來如此

對現代數學也有很大的幫助

還能計算橢圓面積喔

哇～～

104

沃利斯的醫學方法

沃利斯　1616-1703

在積分方面深深影響牛頓
同時活躍於醫學界

承繼卡瓦列里思想的是沃利斯

什麼？又是卡瓦，又是沃利，真是怪名字

這次我們不計算硬幣

而是計算小正方形

大家還記得計算硬幣的方法嗎？

我們在24頁學過

n 列

$n+1$ 個

$$\frac{n(n+1)}{2}$$

一個大正方形，分割為 n^2 個正方形

求 $y = x$ 下的部分的面積

0 1 2 3 4 … n

嗯，一個正方形的面積是 $\frac{1}{n^2}$，所以……

全部加起來之後，就可以得到面積

高度是 $\frac{k^2}{n^2}$，小正方形的每邊是 $\frac{1}{n}$

所以約有 $\frac{k^2}{n}$ 個正方形

$$\frac{1}{n^2}\left(\frac{1^2}{n}+\frac{2^2}{n}+\cdots+\frac{n^2}{n}\right)$$

$$=\frac{1}{n^3}(1^2+2^2+\cdots+n^2)$$

其實這是數列問題

$$1^2+2^2+\cdots+n^2=\frac{n(n+1)(2n+1)}{6}$$

這是公式

但是，沃利斯不是用這個公式

用剛才的公式，就成為

$$\frac{1}{3}+\frac{1}{2n}+\frac{1}{6n^2}$$

$n=2$ 時　$\dfrac{1^2+2^2}{2^3}=\dfrac{5}{8}=\dfrac{1}{3}+\dfrac{1}{4}+\dfrac{1}{24}$

$n=3$ 時　$\dfrac{1^2+2^2+3^2}{3^3}=\dfrac{14}{27}=\dfrac{1}{3}+\dfrac{1}{6}+\dfrac{1}{54}$

$n=4$ 時　$\dfrac{1^2+2^2+3^2+4^2}{4^3}=\dfrac{30}{64}=\cdots$

……嗯，同學們是否發現愈來愈趨近 $\frac{1}{3}$ 呢？

然後，就得到結論

$$\int_0^1 x^m\,dx = \frac{1}{m+1}$$

然後，可以得到

$$\int_0^1 x^2\,dx = \frac{1}{3}$$

哇～～

在這之前，x^2 或 x^3 被視為和 $\sqrt[3]{x}$ 是完全不同的

哪裡厲害呢？

更厲害的是把 $\sqrt[p]{x}$ 化為 $x^{\frac{1}{p}}$

得到

$$\int_0^1 x^{\frac{1}{p}}\,dx = \frac{p}{p+1}$$

為什麼沃利斯能獲得那麼大的進展呢？

對呀

這些幾乎都是現代積分了

現在則是完全相同的意思

的確如此耶，雖然在基礎解析中學過 x^2 或 x^3，卻沒有學過 $\sqrt[3]{x}$ 呢

他認為「數學是貿易商人的無聊會計實務」，所以轉而研究醫學

你的腦袋很糟糕

這是一項劃時代的學說，證明體內血液循環，以便供給養分

簡單地說，你的腦袋缺乏血液循環

哇～～

其實，哈維的血液循環論是沃利斯介紹的

喔

所以，他的證明方法運用醫學經驗

而且深深影響牛頓

原來如此啊

然後，他發現數學其實是非常有創造性的學問，又回頭研究數學

喔～

巴洛的波折人生

巴洛　1630-1677
不同於沃利斯的研究方法
他從幾何學角度研究微分
和積分的關係

除了沃利斯之外，巴洛也深深影響牛頓喔！

的確不像呢

啪～囉～

沒錯，沒錯

據說，他的外表看起來不像一般傳統的數學家之流的大老粗反而像個海盜

總之呢，他並非影響牛頓的外表裝扮

咳咳

我覺得數學老師也可以稱為海盜耶

說得也是！每次都強求我們計算難題，而且總是打扮邋遢……

別計較別計較

作者

嗚嗚

114

115

解說

第三章提及積分概念誕生於西元前3世紀。但是，發展過程並非一帆風順。原因之一是歐洲數學進入黑暗時代。此外，前一章雖然斷言「不需拘泥於座標空間，也能獲得積分概念」，但事實上，概念的發展依舊需要輔助工具。因此，積分和微分幾乎在同一時期，重新開啟嶄新里程。先驅人物之一就是卡瓦列里。數學史家小堀憲詞先生嚴詞批評卡瓦列里，認為「毫無嚴密性可言……方法缺乏普遍性。所以卡瓦列里絕對不是積分法的開拓者」（《100位數學者》〔100人の数学者〕，日本評論社）。然而，我有此許不同的觀點。我認為，從「平面是無限多平行線的集合」概念發展而來的卡瓦列里原理，無疑是積分的根本概念，而且非常簡單易懂。若提及卡瓦列里原理的嚴密性批評，那麼牛頓的嚴密性其實也有待商権。因此，本書會適時地運用卡瓦列里原理的方法。

本章登場的人物中，風格最迥異的是巴洛，他的生涯歷經波折，絕非常人所能想像；不過，他廣受讚譽的最大成就就是「將教授寶座讓位給弟子」。在數學史中，這是前無古人、後無來者的偉大成就。或許有人認為「巴洛願意讓位，是因為他覬覦校長寶座（當時

禁止教授同時兼任校長）。不過，歷史評價無關個人好惡，必須客觀看待。無論真正動機為何，如果能夠促成善果，就應該獲得讚譽。相反地，即使是出自善意的行為（＊），最後卻導致惡果時，仍應該受到批判。「最初的想法是出自好意」並不能作為推託的理由。從這點來看，巴洛的功績在數學史上絕對值得世人讚賞。

＊所謂行為不僅包括結果，還包括過程。政治家若以「本意是為了國民著想」為由，破壞公約，終會招致「政治背信」的惡果。

註釋

1　「新豬」和「牛頓」日語發音相近，「老馬」和「巴洛」日語發音相近。

第五章　牛頓和萊布尼茲之爭

——微分和積分的完成——

前一章說明了繼阿基米德發展積分之後，微分登場促進積分概念的發展。因此，微分和積分有著密不可分的關係。牛頓和萊布尼茲讓兩者更清楚地區分。但是，微分和積分因而趨近完美無缺了嗎？

不！兩位學者其實熟知這項理論的缺陷，卻繼續使用微分和積分，他們堅持的理由是什麼呢？

敬陪末座的牛頓

牛頓
1642～1717

終於要進入正題了

牛頓終於出現了

他一定從小就是天才

總之……

雖然牛頓百般不願意，十二歲時還是遵從伯父的建議，進入國王學院就讀

King's school

你要成為頂天立地的紳士！

人家不要啦～～

滑、滑

不，他是個早產兒……

哇～

哇

我和牛頓一樣耶

他的成績簡直慘不忍睹……

用功唸書！

我才懶得理呢

牛頓
0分

他是倒數第二糟糕放牛班的最後一名

價值非凡的一拳

在牛頓的班上，有個小霸王……

喂！牛頓！

抖～

什麼事促使牛頓開始嶄露頭角呢？

牛頭本來就有角啊

呼～

誰喜歡最後一名啊！混帳！

碰！

哇～！

你太囂張了！竟敢奪走我的指定席（最後一名）！

碰！

原來打架一點也不難嘛

對了！

那傢伙好兇喔！

別以為我只是遊手好閒，整天玩耍

哼！

啪！啪！

不費吹灰之力

122

……據說這就是牛頓突然開竅的故事

這孩子怎麼突然發憤圖強呢？會不會生病啦？……母

埋頭苦讀

唸書說不定一樣容易

所以呢……

人稱我的拳頭是科學史上最有價值的拳頭

要不要試試看！

什麼什麼？

原來如此

哈哈

既然你們這麼說……

不祥的預感……

喂！小凡！你竟敢奪走最後一名！

碰！

哇！

喂！住手！你反而讓他更失去自信了啊！

天才都心不在焉

只要他熱中
某件事，
就會心不在焉

牛頓也常出現
天才有的症狀

我牽著馬兒
走過來的呢

馬兒在
哪兒呢？

咦？
你怎麼拖著
馬韁啊？

呆～

拖～

阿基米德也
有心不在焉
的情形……

我終於明白了！

萬歲！

光屁股
大王……

咦？
馬兒怎麼
不見了……

馬兒怎麼
不見了？

你又太
專心思考
事情了吧？

楞…

呵呵

奇蹟的兩年

總之，牛頓嶄露頭角之後，進入三一學院

不過，剛開始牛頓在三一學院並不是認真的學生……

咳、咳

嗯～

但是，他遇到巴洛之後，終於開始認真研究

巴洛那麼偉大啊？

原來是做夢

對牛頓來說，巴洛是偉大的

三一學院從未出過數學家

幾乎都是神學家或哲學家

哇～

後來，令人聞之色變的鼠疫傳染蔓延……

難道牛頓感染鼠疫，不幸病倒了嗎？

微積並非數學

因為微分積分學還有很大的缺陷

為什麼呢？

在牛頓不可思議之年，力學和微分積分學同時完成

大家回想48頁的計算

這是最後一行……

$$f(x) = x^2$$
$$\lim_{h \to 0} \frac{f(x+h) - f(x)}{h}$$
$$= \lim_{h \to 0} (2x+h) = 2x$$

雖然趨近0，但不是0啊

難道分母 h 也是0嗎？

「h 無限趨近0」這項概念難以說服嚴密主義者

嚴密主義者

嚴密主義者

咦？我也是這麼想耶

……還出現這種數學家

嗯

這個根本不能稱為數學

只是假借相互抵消錯誤，獲得正確值而已

甚至後來……

128

大家知道天體力學的克卜勒定律嗎？

不過，數學家並未因此放棄微分和積分

因為微分和積分非常有用

（ⅰ）行星的軌道是橢圓形

（ⅱ）面積速度一定

（ⅲ）週期的二次方和其橢圓軌道長半軸的三次方成正比

克卜勒　1571-1631
德國天文學家
據說曾指點卡瓦列里原理

我知道一些……

克卜勒藉由大量觀測的結果和經年累月的計算，才獲得成果

……與微分和積分有什麼關係呢……？

嗯

光是（ⅰ）（ⅱ）我就計算了六十次；還觀察了火星五年啊

難道你們不覺得我很辛苦嗎？

129

可是，克卜勒定律透過牛頓力學基本定律及微分和積分運算之後，成為簡單的演算問題

克卜勒真的好可憐喔……

嗝泣
嗝泣

當時即使是大數學家克卜勒，也必須絞盡腦汁才能解決的問題

現在連一般大學生都能輕易破解

所以即使方法不夠嚴謹，還是可以原諒的啦♡

因為我討厭增加演算問題啊

同感

你們應該學學克卜勒……

不行，我不能原諒！

哈雷　1656－1742
計算哈雷彗星的軌道

傳統學說

哈雷學說

彗星

拋物線（或雙曲線）軌道

彗星也是橢圓形軌道

太陽系

當時有兩種學說……

……後來果真證明哈雷是正確的

相信了吧。

哈雷之墓

哈雷的預言實現了！

哇！

然後1758年時……

所以阿郎也是橢圓形的囉

因為是橢圓形軌道，所以明天還會再回來

啊！

怎麼一不注意……他又蹺課了！

牛頓和萊布尼茲的不同

萊布尼茲
1646-1716
有「萬能的天才」之稱
有法學、哲學和數學著作

另一方面，和牛頓同一時期，還有萊比錫出身的萊布尼茲……

萊布尼茲？萊比錫？

？？？

這個阿郎，又跑到哪兒去了……

可是牛頓早在1666年就提出了啊

整整早了十年耶

結果引起麻煩的優先權之爭……

他在1675年提出基本定律……

這就是67頁提到的「複雜的原因」嗎？

又相隔了十年啊！

問題是牛頓在1687年才撰寫《自然哲學的數學原理》……

自然哲學的數學原理 牛頓

不過，大家也都承認萊布尼茲獨立研究這項理論

嘶息 嘶息

對啊

我贏了！

哼！

我太慢了！

現代已經認為是牛頓最早提出理論

而且，牛頓的《自然哲學的數學原理》艱澀難懂

嘩啦啦啦

真的很艱澀啊！

嚴格說來，牛頓並不是一位好老師……

是啊！不好的老師四處可見

他講課枯燥艱深，幾乎沒有學生……

因為……所以……

落寞……

空無一人

真可惜！

瞪！

我說得果然沒錯！

$$\int 0\, dx$$

$$\frac{dy}{dx}$$

相反地，萊布尼茲的記號非常簡便♡

所以《自然哲學的數學原理》才會那麼難懂吧

換句話說，他從來沒有想把這些理論變得更淺顯易懂

自然哲學的數學原理

牛頓

萊布尼茲則從哲學觀點探討微積分

雖然哲學抽象，記號卻很具體

牛頓從具體的物理學著手

兩人探討微積分的觀點恰巧相反

原來老師是想辯解⋯⋯

雖然有個人半途溜走⋯⋯

⋯⋯所以呢，我比牛頓優秀吧

其實，萊布尼茲是記號論的大師

大家聽懂了嗎？

原來啊～

為什麼同時發現呢？

剛才老師
提到記號

記號
非常重要

牛頓的記號

牛頓使用
變化率的
記號

$$\dot{x} = \left(\frac{dx}{dt} \right)$$

$$\frac{\dot{y}}{\dot{x}} = \left(\frac{dy/dt}{dx/dt} = \frac{dy}{dx} \right)$$

如此一來，
不容易表示
以 x 微分 y

因此支持
萊布尼茲的學派
愈來愈興盛……

歐陸學派

英國學派

泰勒
馬克勞林

←萊布
尼茲

白努利
達朗貝爾
歐拉
拉格朗日
拉普拉斯

牛頓

哇～～

無論誰先
提出來，
只需要挑選
使用方便的
一方……

沒錯

英國數學家
可說是這場
無謂爭論下
的犧牲者

所以兩人的運氣都不錯囉

牛頓和萊布尼茲的時代，正好適合研究發展微分和積分……

放學後

呀～　噹～　噹～

一起去看電影吧！

一起去溜冰吧！

溜冰券　電影票

同時發現是因為剛好時機成熟

嗯～嗯～

再過幾天就要考試了，你們真是搞不清楚狀況……

兩邊都不行！

不過，你們都挑錯時間了

為什麼呀？

約會邀請也恰巧同時到來啊

緊張

緊張

物價上漲率的漲幅表示什麼？

了解牛頓等人的基本定律之後，我們先整理複習微分和積分

艱澀難懂
抽象的
切線
積分
微分
簡單易解
具體的
面積

物價持續上漲，政府的對策是……

絕無此事，物價上漲率已經呈現下降趨勢

漲幅

再來看看一個實例

有一年，經濟部企畫科舉行記者會……

為了方便大家了解，我們來積分看看

大家有什麼想法呢？

表示物價開始下降了嗎？

嗯～～

138

基本定律的意義

積分是必須細分或運用沃利斯數列，非常麻煩呢

讓我們來實際練習計算

微分是取微小單位 h，然後計算

$$\frac{f(x+h)-f(x)}{h}$$

老師曾經教過大家喔

啊！83頁！

相較之下

積分	微分
麻煩	簡單

$$\frac{f(x+h)-f(x)}{h}$$

沒錯呢

你又在說夢話！

什麼？中文的機率論？

嗯、啊

我想起來了，是番鈴薯！

熟睡

啪！

	計算	概念
微分	簡單	困難
積分	困難	簡單

結合兩者

所以可以考慮挑選兩者簡便的地方

這就是微分和積分基本定律的意義

喔，原來如此……

怎麼是這種分數！

轉

不、不、不

媽，妳別誤會

傍晚

小凡！

今天真是受益匪淺啊♡

嘻、嘻

10分

這個概念很難的，媽媽，看不懂嗎？

嘻、嘻、嘻

妳看看這份漲幅圖表！

漲幅10倍

1→10 10倍

很厲害吧

柯西的極限

老師，剛才你提到理論有缺陷，所以被批評不是數學，後來怎麼解決的呢？

沒錯，沒錯，老師總是嚴格挑剔錯誤

關於這件事，萊布尼茲也有同樣的煩惱

菜單

所以他暫時放棄，置之不理……

例如，達朗貝爾曾說：

「只要持續相信，一定會出現美好的結果……」（即使有缺陷）

各位要點餐嗎？

喝～

後來設法解決的是六十年後的柯西

柯西？我喝黑咖啡……

柯西
1789－1857
法國數學家

＊「柯西─舒瓦茲不等式」（Cauchy-Schwarz Inequality）是積分的
重要理論，Schwarz 為德文「黑色」之意。

142

微分和積分的完成

因為定義域或值域所使用的實數尚未完全清楚

定義域　$f(x)$ 的 x 變動範圍

值域　$f(x)$ 的變動範圍

接下來就等蛋糕了♡

在柯西之後，還有其他發展嗎？

不過，柯西並沒有完全解決缺陷問題

雖然柯西已經很厲害了……

克羅內克
1823-1891

上帝創造了整數，甚至有理數也是數字

當時普魯士的數學學會會長克羅內克等人……

點蛋糕的客人……

啊！這邊！

如此一來，圓周率 π 必須是有理數，實數直線也會凹凸不平……

這樣 $\sqrt{2}$ 就變成不存在了耶

好像回到畢達哥拉斯時代以前了

蛋糕真好吃♡

可是，克羅內克寫下積分的論文

咦？怎麼這麼狡猾？

康托爾
1845-1918

所以真正解決無限的康托爾被冷落，罹患了精神疾病

數學果然愛整人……

最後解決的人是康托爾的朋友狄德金

推演實數的公理

如此一來，微積分總算完成了

哇～～

所以……

「克羅內克不忠於自己的理論，所以寫下偉大的數學論文」

龐加萊說道……

龐加萊　1854-1912
法國數學家
拓撲學始祖

狄德金能得金，所以才能完成嘛

喝？

鴉雀無聲

大口大口

說得也是嘛～

小凡，為什麼？

解說

目前高中教科書的主流概念「積分是微分的逆運算」，是根據微分積分學的基本定律，也就是第二章提及的「積分某函數之後，再加以微分，就會恢復原狀」。這項定律的偉大之處在於連結計算簡單的微分，以及概念簡單的積分。連結迥異性質的事物能夠促進理論快速進展的道理，曾在第三章的「幾何學和代數學的統合」中做了說明。微分和積分也是同樣的道理。透過連結微分和積分，理論迅速發展。幾項實例分別見於第八章（化石年代的測定）、第九章（三次函數的形狀）和第十章（部分積分）。

這項定律由牛頓和萊布尼茲分別提出，卻造成無謂的優先權爭奪戰。但重要的並非哪一方先發現，而是這項基本定律注定在這個時期獲得證明。因為座標空間等數學內部架構愈來愈統合成熟，再加上天文學、力學的發展等其他學問的需求，促使牛頓和萊布尼茲投入研究。這種同時發現、同時發明的現象也見於其他領域。

牛頓和萊布尼茲其實並未完成微分積分學。無限小概念的曖昧不清也造成長達百年的論爭。但無限小概念雖然有些曖昧，理論卻非常實用，愈用愈獲得更多意想不到的結果。

因此，可以推論爲了促使學問進步，「絕對不能拘泥於框架（傳統理論的嚴密性）。

然而，僅是爲了追求創新卻漏洞百出的學問隨處可見。此時的判定基準是有效性。雖然微分和積分被批判是「假借相互抵消錯誤，所以獲得正確結果」，但微分積分學能獲得長足進展，是因爲能夠有效替代物理學，而非只是高揭流行創新口號的學問。

註釋

1　日本職業足球隊，球場在埼玉縣。

第六章　如何才能事半功倍？

——試試微分和積分的計算吧——

讓我們以實例來計算微分和積分。本章所舉的函數實例雖然比較簡單，仍能感受微分和積分的威力。

尋找經濟有效的方法

莫佩爾蒂

自然會選擇最經濟有效的方法

從前法國科學家莫佩爾蒂說過

1698-1759 獨自一人對抗嚴寒，證實牛頓的地球兩極扁平說

A

B

例如，水的曲折……

哇

A快速前進，B速度較緩慢，因此A行進快速，造成像上圖一樣的曲折

札幌

千歲

浦和

這種走法比較快

羽田

從浦和到札幌，要先繞道到羽田

兩者是一樣的道理耶

150

這時微分就顯得重要，請看下面的圖表

若效率圖表是 $y＝g(x)$ 的話，必須知道 $g(x)$ 的最大值……

若成本圖表是 $y＝f(x)$ 的話，必須知道 $f(x)$ 的最小值……

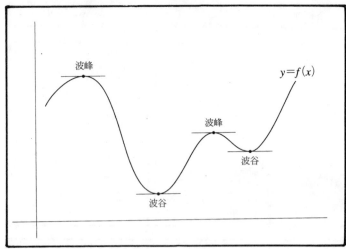

波峰

波峰

波谷

波谷

$y＝f(x)$

換句話說，斜率是 0

所有切線都呈水平

同學們看出什麼端倪了嗎？

求最大或最小時，重點就在於解讀圖表的波峰和波谷，

只需要了解圖表概略，就可以知道最大和最小

這樣就可以決定行動方針了

原～來～～如此

學了積分之後，我好像變聰明了耶

真的呢 ♡

我想發揮木板的最大極限，做個大箱子……

媽，妳在煩惱什麼呢……？

嗯

90

90

我回來了～～

這是 x 三次方的最大值問題

耶～～

我才剛學會喔，包在我身上

154

$$f(x) = (90-2x)^2 x$$
$$= 4x^3 - 360x^2 + 8100x$$
$$f'(x) = 12x^2 - 720x + 8100$$
$$= 12(x-15)(x-45)$$
$$f'(x) = 0 \text{ 時} x = 15 \text{和} 45$$

（但是，0＜x＜45）

由圖表可知
x 的最大值是 15

微分的計算法

半徑 3 的球體，內接三邊長度為 k、$2k$、x 的直方體。直方體的體積為 V，求 x 的最大值

（取自某大學入學試題）

我們實際運用微分來解答問題

要訣在於直方體內接的對角線 AB，通過中心點，

所以直徑 AB 是長度為 6 囉

然後還能知道 x 和 k 的關係耶

從三平方定理可以知道

$6^2 = AB^2 = AC^2 + CD^2 + DB^2$

$\qquad = x^2 + (2k)^2 + k^2$

$\therefore k^2 = \dfrac{36 - x^2}{5}$

$\therefore$ 直方體的體積

$V = AC \cdot CD \cdot BD = x \cdot 2k \cdot k$

$\qquad = 2xk^2$

$\qquad = \dfrac{2}{5} x(36 - x^2)$

$$f(x) = \frac{2}{5}(36x - x^3)$$

只需要
微分 f
就可以了

接下來
求 $f(x)$ 的
x 最大值

$$f'(x) = \frac{2}{5}(36 - 3x^2)$$

$$= -\frac{6}{5}(x^2 - 12)$$

$$= -\frac{6}{5}(x - 2\sqrt{3})(x + 2\sqrt{3})$$

$$\therefore x = \pm 2\sqrt{3} \text{ 之 } f'(x) = 0$$

微分後，從
$f'(x) = 0$
可以知道
$x = \pm 2\sqrt{3}$

而且不能
超過球體
所以必須再加入
$x \leqq 6$
的條件

可是，
大家要
注意
x 的
範圍

x 是長度，
所以
$x > 0$

所以
$0<x\leqq 6$

$0<x<6$ 且
$f'(x)=0$

$x=2\sqrt{3}$ 時，

且 $0<x<2\sqrt{3}$ 時，$f'(x)>0$

又 $2\sqrt{3}<x<6$ 時，$f'(x)<0$

可得下列圖表

$f(2\sqrt{3})=\dfrac{96\sqrt{3}}{5}$

$f(0)=0,\ f(6)=0$

唰、唰

寫下 $f(x)$ 的符號值變化，更容易了解

好啦！完成囉！

這稱為「增減表」

增減表

x	0		$2\sqrt{3}$		6
$f'(x)$		$+$	0	$-$	
$f(x)$	0	↗	$\dfrac{96\sqrt{3}}{5}$	↘	0

所以，答案是 $x = 2\sqrt{3}$ 時，可以獲得解答

最大值是 $\dfrac{96\sqrt{3}}{5}$

可是如果沒有內接的話，計算就很麻煩耶……

小凡，你的意思是？

嗯……

這是球體中連結直方體的好例子……

喀啦喀啦

啊！扭蛋耶

上課不准拿那種東西出來！

對不起

我賺到了

佐證積分公式

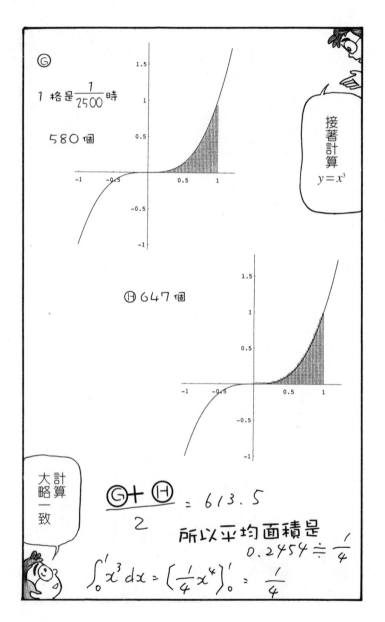

Ⓖ

1 格是 $\dfrac{1}{2500}$ 時

580 個

接著計算 $y = x^3$

Ⓗ 647 個

計算
大略一致

$$\dfrac{Ⓖ+Ⓗ}{2} = 613.5$$

所以平均面積是
$0.2454 \doteqdot \dfrac{1}{4}$

$$\int_0^1 x^3\,dx = \left[\dfrac{1}{4}x^4 \right]_0^1 = \dfrac{1}{4}$$

162

實際計算體積

求兩圓柱交叉部分的體積

來看看這題……

非常古典卻很有趣

最重要的是找出軸

在兩邊圓柱的垂直方向上取出軸

兩邊圓柱軸交叉處就是原點

從原點 O 取 x 長度，切除上方平面

交叉處變成怎樣呢？

變成正方形了

解說

或許很多讀者已經了解實際的微分和積分計算，書店裡更有各式各樣詳細解釋計算方法的學習參考書。但是本書無法因此省略計算方式的說明。因為這是最重要的部分。前面章節也曾提到，我希望讀者能夠清楚了解微分和積分的實質意義。

本章首先提到為什麼要學習微分和積分的計算，引用了莫佩爾蒂的最小作用原理。其實即使沒有提出莫佩爾蒂的原理，相信大家也都能夠接受最大效益、最小成本的原理。事實上，在自然界，「最小作用」應該是「極小作用」。假設將地形畫成如下圖，位置能量的最小值是A點；可是當球體從C開始滾動時，停止的地方是位置能量的極小值地點（也就是B點）。

無論如何，極大值和極小值都有重要的意義。

為了決定極大值和極小值，f′非常有用。在求得極大值和極小值的點，切線斜率是0，前後f′的符號值就決定極大值和

168

極小值。這項符號值的圖表稱為「增減表」。

基本定律出現之後，雖然積分可以作為微分的逆演算（因為微分的計算比較容易），但本章依舊實際佐證沃利斯的方法，最後並舉出積分的實例。最標準的實例通常是計算面積，不過本書特地列舉古典卻有趣的體積計算。

第七章　柔軟的洋蔥該怎麼計算體積呢？

——以微分和積分來重新認識國中的面積及體積公式——

第一章已經討論過三角形和扇形。本章將更進一步探討，希望藉此重新思考微分和積分的概念，歸納連結瑣碎零散的觀念。

此外，微積分理論的條理說明，其實只需要國中數學最大難關「圖形的計量」這項微分和積分的概念，以及卡瓦列里原理。

錐體和三角形是親戚

初級數學

能用積分重新證明和整理喔

對啊，我們在23頁已經重新整理三角形和扇形了啊

不僅如此，等差數列也是同類吧

圓錐和角錐等錐體，和三角形也是同類喔

兩個都頭尖尖的嘛

握手

讓我們先來複習小學課程。這個三角形的面積是多少呢？

我知道！是 $\dfrac{ah}{2}$！

高底 a

高 h

小學課程就儘管問我吧

體積呢？

是 $\dfrac{Sh}{3}$！

高 h
底面積 S

為什麼這麼麻煩呢？

積分 *0* 到 *h*，就可以得到 $\dfrac{ah}{2}$

$$\int_0^h \frac{ax}{h}\,dx$$
$$= \frac{a}{h}\int_0^h x\,dx$$
$$= \frac{a}{h}\left[\frac{x^2}{2}\right]_0^h = \frac{ah}{2}$$

所以面積是……

來看看圓錐吧

我們先推倒圓錐（＊）

看起來很不穩定耶

現在看起來或許麻煩，不過先耐心聽到最後！

＊推倒純粹是為了以 *x* 積分，平常不會實際操作的

橫切面面積設為 T，面積和相似比的平方呈比例

T：S＝x^2：h^2

T＝$\dfrac{Sx^2}{h^2}$

因為是相似圖形，面積比等於相似比的平方，所以是 $\dfrac{Sx^2}{h^2}$

圖中 *x* 軸為 *x* 時的平面，橫切面的面積是多少？

174

*這個問題第一次出現是在《數學補習班》1989年1月號

以卡瓦列里原理計算錐體體積

雖然圖中的錐體
體積是 $\dfrac{Sh}{3}$……

175頁學過
這項計算呢

不過，還有積分
以外的方法喔

國中時，曾經倒水
比較體積，
對不對？

太好了！

〔*〕

＊這段課程現在修訂編入日本小學六年級的教材

將水倒滿圓錐體容器……

你們看，水位達1／3呢

底面積 S

$\dfrac{1}{3}h$

h

因此圓錐的
體積就是 $\dfrac{Sh}{3}$

只是看圖解說，
其實不是壞事

不過國中時
也提到必須
「小心求證」，
對不對？

對啊，證明題評分
總是吹毛求疵，結果
課本只有圖片說明，
太沒有說服力了

什麼
小心求證，
乾脆敷衍
了事就行啦

等等
等……

178

$$\frac{\pi r^3}{3} \quad + \quad V \quad = \quad \pi r^3$$

$$\left(\frac{\pi r^2 \times r}{3}\right)$$

$$\therefore V = \frac{2}{3}\pi r^3 \text{（但是，V是半球體體積）}$$

這樣，104頁的半球體體積理論就完整囉

原來如此

真的耶！從特殊解法進展到一般解法，真是方便呢

沒錯！

特殊形狀更容易了解耶

數學經常運用這種手法

特殊解法 → 一般解法

你們兩個！

哇！

功課請特別厲害的建中完成之後，再由一般厲害的我們抄寫……

動作快點！

你們自己也要寫嘛～

我們也效法數學方式呢

對吧？

噓～

等…等等等

計算洋蔥體積不需要繩子

還有一項

國中時，
我們還不太懂
球體表面積公式

對呀，
我記得
有一張非常
有趣的圖呢

在半球體表面
圈上繩子……

嘻嘻

再拆下之後，
擺在平面上，
變成兩倍，
形成漩渦狀……

表面積是
$4\pi r^2$

r

2r

實在
很難
順利
操作

啊！
又滑開
失敗了

老師真是
笨手笨腳的

不如玩跳繩
比較有趣

老師不愧是一位教育家呢

對，對

真令我欣慰啊♥

因為老師總是實驗失敗

所以利用公式講解來掩飾

哇！真是高招

被你看穿了…

總之呢，工具先擺在一旁……

大家知道怎麼計算嗎？

大家回想一下捲筒衛生紙的面積計算

扇形和三角形的關係，對不對？

剪開

ℓ

可是捲筒衛生紙是圓的，這個是球體耶

不對啦！是假借相似種類來推論的意思

小木屋

小木屋洞穴(2)

ZZZ...

？？？

數學的訣竅就是依此類推

運用依此類推的道理，圓形是同心圓，球體就是同心球囉

捲筒衛生紙是由一層一層薄薄的同心圓構成的

球體也非常相似，對不對？

嗯？

對！你的想法非常好！

你在說什麼啊？

很簡單囉，我只是把圓改成球

……

大家想想地球的構造

老師又在賣弄學問了……

地表附近是地殼，再下層是地函[3]……

地球的確是顆同心球耶

好耶！地質學天才！

這是地球的解剖圖

地殼

下地函

地函

內核

莫霍洛維奇不連續面[4]

地函等地層構造層層包覆地心，像不像同心球構造呢？

突然又跳脫地球科學領域，回到數學……

看起來就像洋蔥

188

191

解說

日本國中課本有一章是談「圖形和證明」。NHK教育節目《這種義務教育可行嗎？》（義務教育はこれでよいのか），曾經強烈抨擊這個章節。該節目主張「為什麼得教導學生這麼艱澀難懂的證明題」。節目播出之後，引發很多議論（請參照《數學補習班》1992年4月號《這種義務教育可行嗎？》的節目可行嗎？）一文）。我認為節目中並未探討學生討厭證明題的真正原因。其實，在評斷證明題是否正確時，不考慮學生是不是數學家也會解，只考慮是否符合形式，挑剔細微末節，然後扣分；這種評分方式，即使是數學家也會討厭證明題。

對於證明題的給分，吹毛求疵；對公式證明卻敷衍帶過，例如只以「將圓錐容器中的水倒入圓柱容器中，水位達⅓，所以圓錐體積是⋯⋯」，這樣的教法讓人難以信服接受。正確的作法應該是思考如何讓圓錐和球體的體積、球面的表面積等更合理、更符合理論。

第一章提及使用積分即可統一各種量，也明示扇形和三角形的親戚關係；依此類推，三角形和錐體（圓錐、三角錐、四角錐等）也是親戚關係。因此，根據卡瓦列里原理可以

192

了解，即使不用積分，依舊能夠解題；再加上「切開捲筒衛生紙的方法論」，就能獲得完整的表面積計算方法。

註釋

1　「錐體」和「屍體」日語發音相似。

2　「依此類推」的日文「アナロジー」是外來語「analogy」；「ana」和「洞穴」的日語發音相同，「logy」和「小木屋」（lodge）發音相同。

3　mantle，地層的一部分，位於地殼之下、地核之上。

4　Mohorovicic discontinuity，地殼和地函之間的界面。1909年，克羅埃西亞氣象學和地球物理學家莫霍洛維奇（Andrija Mohorovicic, 1857-1936）發現的界面，因而得名。

第八章 從開高叉到化石的年代測定

——微分和積分的概念竟然可以這樣用——

本書在各章中陸續提及微分和積分在日常生活裡的應用。但微分和積分的應用，還有更多令人意想不到的驚奇。如果能夠充分運用微分和積分的概念，一定能夠多方拓展視野。

開車和微分

應用實例真是不勝枚舉，先舉幾個代表性的例子

老師，微分和積分都用在哪些地方啊？

這兩道曲線是汽車轉彎後留下的軌跡

那麼，哪一位司機的技術比較好呢？

(A)

直線和圓

(B)

上方曲線（圓弧）

看起來差不多嘛⋯⋯

上方曲線看起來比較漂亮⋯⋯

分析之後，就可以知道這是曲線的切線變化

切線顯示瞬間的前進方向

為了分析切線變化，這時就需要切線的微分

以便檢視切線的變化

以微分求得切線方向之後，就是微分的微分，稱為「二次微分」

這樣可以知道前進方向的變化

前進方向的改變就是轉動方向盤的意思，對不對？

沒錯！二次微分等速前進的汽車，正是表示方向盤的角度

198

導航是積分

＊目前導航系統還有利用衛星電波確認所在位置的方法。最理想的
計算偵測方式是兩種方法並用

在設計方面的應用

哪個看起來最修長呢？

① ② ③ ④ ⑤

? ① ② ③ ④ ⑤

＊請參照筑摩書房《漫畫數學入門》

設計也運用微分和積分的概念喔

啊！這本也有提到

④看起來比較修長，是因為人類視覺自動畫出了切線

開高叉讓腿看起來修長，就是運用微分的概念呀

所以啊，微分概念可以應用在各種地方喔

例如汽車的流線造型也是呀

無法微分的點

*能夠微分＝能夠畫出切線的函數，就能夠微分；無法畫出切線（如尖銳的點），則無法微分

到目前為止，老師教的例子都是能夠微分的

不過並非所有函數都能夠微分呢

$y=|x^2-1|$
$\quad=|(x-1)(x+1)|$

斜率2　斜率−2

右側曲線切線的斜率2
左側曲線切線的斜率-2

大家一定看過這種函數

沒錯！例如 $y=|x^2-1|$ $x=\pm1$ 時，

就無法畫出切線

啊……

其實這本書曾經提到喔

啊！26頁的撐竿跳高！

還有我的成績圖表

204

206

水溫上升
1度，
需要1大卡

原來如此！
從圖表
可以知道
冰塊的
融解熱量
是80大卡

不祥預感⋯

喂！
什麼呢？

尋找中

悄悄～

⋯對了，
我也利用
老師的珍寶
製作很棒的
實例喔

他真的創造
不可能微分的實例呢

請注意
這裡
無法微分

嗚嗚嗚啊、
啊、
啊

軟～

⋯⋯
我的盆栽

不連續性的意義

體積

1

0　4℃　　　100℃

有些圖表線條根本無法連結，已經超出能否微分的範圍

再舉剛才的水溫問題為例，這是體積和水溫的關係

因為蒸發成氣體了

這張圖的直軸數值不夠精確

因為100℃時，竟然變成1000倍

不過還是比不上100℃的威力吧

這張圖的最小值設定為4℃

的確如此耶

不連續性的利用

什麼？難道必須挖掘研究嗎？

努力挖掘

其他實例還包括188頁的地球構造

被噴出來啦……

哇

地殼

地函

實際挖掘研究的話，會噴出大量熔岩，太危險了

因此改成設法製造人工地震，調查波動傳導變化

這是地震波圖表和構造想像圖

速度的不連續點決定地球的內部構造耶

地球內部的地震波速度變化

波動傳導方式

*請參照我的著作《原來如此私塾》（なるほどゼミナール）

醫學也運用相同的原理

大家知道「CT掃描」嗎？

我才不管什麼掃描呢，花子和岡部的醜聞(2)真是太糟糕了

CT掃描是電腦斷層診斷裝置

這張是腦部圖片

認真上課！

沒收！

啊！被搶走了

腦部葡萄糖代謝分布圖

透過這項裝置，可以研究右腦和左腦的功能

怎麼研究啊？

化石年代測定的運用

＊換元方法請參照264頁

217

人造衛星的速度計算

首先學習基礎物理和地理科學知識

- 地球半徑
  R=6400000m
- 重力加速度常數
  g＝9.8m/sec²
  這是因應地表的萬有引力
- 萬有引力和（距離）²成反比
- 離心力是質量×加速度

讓我們應用微分來計算人造衛星的速度吧

一定很有趣～♡

人造衛星的繞行半徑是地球半徑R的兩倍，也就是2R

地球

2R

R

（2RcosAt, 2RsinAt）
這是人造衛星的座標

微分座標，決定速度矢量的速度大小是……

因為
(sinAt)′＝AcosAt
(cosAt)′＝−AsinAt

（−2RAsinAt, 2RAcosAt）
大小

$$2RA\sqrt{(-\sin At)^2+(\cos At)^2}$$
$$=2RA(=v)$$

是
2RA

＊(sin x)′＝cos x 等請參照251頁之後的說明

218

加速度

$$(-2RA^2\cos At, -2RA^2\sin At)$$

大小
$$2RA^2\sqrt{(-\cos At)^2+(-\sin At)^2}$$
$$=2RA^2$$

因為
$$(\sin At)'=A\cos At$$
$$(\cos At)'=-A\sin At$$

再微分後，成為加速度，大小呢……？

2RA² 囉

離心力　＝　引力$\left(\begin{array}{l}\text{和中心的距離是}\\ \text{地表的兩倍，所以是}\frac{1}{4}\end{array}\right)$

$\therefore m(2RA^2)=m\times(9.8)\times\dfrac{1}{4}$

$\therefore 2RA^2=2.45$

兩邊乘以 2R

$(2RA)^2=2.45\times 2R$

$\therefore v^2=2.45\times 2R$ （v是速度）

$v=\sqrt{2.45\times 2\times 6400000}$
$=\sqrt{31360000}=5600\,\text{m/sec}$

接著，寫下離心力＝引力算式

速度大小是 2RA，所以……

大於速度

小於速度

超過這個速度，會被拋出圈外，低於這個速度，會墜落地面……

這種高度的繞行速度是秒速 5.6 km

所以我們可以知道

人造衛星其實是在墜落的

但地球是圓的

啊！我知道！

人造衛星的繞行，墜落角度和地球角度相符

墜落。

地球

原來如此！

沒錯！沒錯！

原來如此啊！我終於揭開自己成績的祕密了

你終於懂了啊

很好，很好

我的成績其實是在進步的！

?!

只是……大家成績進步更多

打起精神嘛

所以我一直都是0分

相對評價不好嘛～～

哼！

真希望你好好利用時間唸書，別只是忙著……找藉口

220

解說

汽車駕駛與微分和積分有著密不可分的關係。第一章和第三章分別提及行走距離、速度、加速度的關係，但還沒有提到彎曲道路，只是暫時假定道路皆為直線，進而將加速度進行速度微分，了解速度的變化。

然而，在彎曲的道路上，以一定時速 60 km／h 行走時，加速度是 0 嗎？答案是 NO。因為在彎曲的道路上，汽車必須改變行進方向。平常所提的「速度」並未包含方向，物理學或數學必須包含方向。換言之，速度變化還必須包含方向。因此，本章教導二次微分的加速度是表示汽車軌跡曲線切線的變化方向。一定速度時，轉動方向盤的角度愈大，加速度愈大；反之，轉動角度愈小，加速度愈小。高速道路設計運用曲線加速度的原理，採用克羅梭曲線。讀者一定很驚訝，原來微分也能應用在道路設計。此外，利用積分方法，積分加速度之後所得到的速度，再積分這項速度，就能創造得知汽車所在位置的導航系統。

汽車還有一個應用微分和積分的地方。這是設計方面的問題。設計時絕對少不了微分概念。如裙子長度、開高叉等就是運用相關微分觀點，利用拉長曲線造成視覺心理效果。

此外，放射線物質的半衰期問題、人造衛星的速度計算等，其實都是非常正統的微分和積分應用。發現多顆彗星的池谷薰[3]甚至上夜校學習微積分，只希望能夠計算自己發現的彗星的軌道。

本章還特地提及雖然呈現曲折卻不可能微分的點，以及圖表線條不連結的不連續點。

這些在微分和積分領域不易學習，因此經常被學校教育忽視。不過，這一點經常表示物質本質的轉換，希望讀者留意。

註釋

1　standing wave，兩束頻率與振幅都相同的波沿相反方向傳播所產生的組合波，這種現象是來自波相互干涉的結果。

2　日文「掃描」（スキャン，scan）和「醜聞」（スキャンダル，scandal）皆是外來語，發音相似。

3　1943-，靜岡縣人，日本著名業餘天文學家。1963年，他首度發現新彗星，命名為池谷彗星；其後五年間總計發現五顆新彗星，其中最著名的是1965年和關勉共同發現的池谷・關彗星。三十五年後，2002年2月1日，他和中國的張大慶發現池谷・張彗星。目前，他一邊從事反射式望遠鏡的反射鏡研磨工作，一邊繼續在夜空中尋找彗星。

第九章　廁所是思考和空想的地方

——重新檢視高中數學——

小學時曾經學過圓形面積公式吧，但當時並未教導大家這項公式的定義。大家知道這項公式的正式證明方法嗎？我想很多人不知道，其實當中隱含了微妙的問題。

此外，以微分和積分重新探討二次函數及三次函數之後，更能了解微積分的美妙之處。

以捲筒衛生紙概念檢視高中數學

178頁到191頁中，除了卡瓦列里原理是初級的

難道沒有更簡單的說明嗎？

問得好！其實在高中學習初級微積分之後，會比較輕鬆

在那之前，先複習22頁的圓周和圓形面積

大家知道圓周率 π 究竟是什麼嗎？

就是圓周和直徑的比率啊

沒錯

所以，直徑 d 的圓周長度是 πd 囉

也說
是得

對啊

面積 πr^2

r

但是半徑 r 的圓面積不就是 πr^2 嗎？

但是小學的時候就學過 πr^2 的公式啦

不，圓周率是決定圓周長的常數

必須證明面積就是 πr^2

表示圓周長是直徑長度倍數的數字，稱爲圓周率
圓周率＝圓周÷直徑
圓周率是3.14159……，通常用3.14

首先是圓周率的定義

好，讓我們再複習一次小學教的內容囉

啪啦啪啦

半徑就定為 x 吧

所以圓面積是 $S(x)$

半徑相同的圓都是一樣的嘛

$S(x)$

以 x 微分 $S(x)$ 之後，會得到什麼呢？

圖中斜線部分除以厚度 h，而 h 愈來愈趨近 0

$S'(x)$ 是 $\dfrac{S(x+h)-S(x)}{h}$

$h \to 0$

x

$x+h$

換句話說，就是捲筒衛生紙的整卷面積除以厚度的意思

h 最趨近 0 時，長度幾乎成為 $2\pi x$

展開

h

$2\pi x$

$$薄膜體積 = V(x+h) - V(x)$$

$$= \frac{4\pi(x+h)^3}{3} - \frac{4\pi x^3}{3}$$

$$= \frac{4\pi(3x^2h + 3xh^2 + h^3)}{3}$$

$$\therefore \frac{V(x+h)-V(x)}{h}$$

$$= \frac{4\pi(3x^2+3xh+h^2)}{3}$$

如果 $h \to 0$

表面積就是
$4\pi x^2$

h 趨近 0 時，
體積是
厚度 × 面積

只要讓 h 成為 0，
就可以得出
半徑 x 的表面積

自古就有
一種說法……

捲筒
衛生紙
概念
可以
發展出
各種
想法
呢

老師！
是不是
因為
「思考」、
「空想」
和
「尿」、
「糞」[1]
發音
一樣呢？

倒！

不會吧～~~

西尼加曾說過：
「廁所是思考和
空想的地方。」

*完全是瞎掰

探討曲線凹凸

像這張圖一樣，曲線向下凸出

不過從上方往下看的話，是向下凹陷

斜率 2

斜率 1

斜率 0

斜率 -1

斜率 -2

x

x 增加，斜率也隨之增加

在各點畫上切線後，會變成怎樣呢？

將 $\{f'(x)\}'$ 表示以 $f''(x)$

$f''(x)$ 決定凹凸

因為表示斜率的是 $f'(x)$

$f'(x)$ 是遞增函數，對不對？

所以 $\{f'(x)\}'$ 是大於 0

234

236

二次函數的分析

$a > 0$ 時

以 $f(x) = ax^2 + bx + c$

$f'(x) = 2ax + b$
$\quad\quad = 2a\left(x + \dfrac{b}{2a}\right)$

$\therefore x = -\dfrac{b}{2a}$ 且 $f'(x) = 0$

又 $f''(x) = 2a > 0$

這個微分很簡單呢

看到 $f(x)$ 時，先微分看看

二次函數也能以微積分重新檢證喔

$a > 0$ 時　　因為 $f''(x) > 0$

向下凸出

$-\dfrac{b}{2a}$

還可以知道 $y = f(x)$ 時，圖形向下凸出

首先 $x = -\dfrac{b}{2a}$ 時是極小值

接下來應該知道了吧

$-\dfrac{b^2}{4a} + c$

$-\dfrac{b}{2a}$

完全不需要使用一元二次方程式，就能完成圖表呢

代入 $x = -\dfrac{b}{2a}$ 就可以知道了

極小點的 y 座標呢？

$\int 2a(x + \frac{b}{2a})dx$

$= a(x + \frac{b}{2a})^2 + C$

比較 $x = -\frac{b}{2a}$ 時的值

$C = -\frac{b^2}{4a} + c$

換句話說

$f(x) = ax^2 + bx + c$

$= a(x + \frac{b}{2a})^2 - \frac{b^2}{4a} + c$

（以上稱為標準形式）

利用一元二次方程式，就能立刻獲得結果

大家試試

積分

$f'(x) = 2a(x + \frac{b}{2a})$

覺得好像被耍了

微積

圖表↓向下凸出

二次曲線

圓錐橫切面

一元二次方程式

透過微積分，二次函數也能有不同見解

數學就是透過各種不同見解，才能愈來愈進步

只要平行移動，就能對稱 y 軸，所以圖表的線，也是對稱的

東張西望

小凡還沒寫的時候，我就先看看跛哥的

考試中

你完全不知悔改！

站住！

我也認為各種看法真的非常重要

238

三次曲線的形狀

接下來出現的結果令人讚嘆喔

因為三次函數都將形成點對稱的圖表

咦？加入 x^2 也沒問題嗎？

實際算算看囉！

首先是三次函數 $f(x)$

微分獲得 $f'(x)$ 後，會成為什麼呢？

$f'(x)$ 是二次函數，對不對？

因為 $f'(x)$ 圖表是拋物線，能夠修改為標準形式

標準形

$$f'(x) = a(x-p)^2 + q$$

頂點 (p, q)

$f'(x)$　(p, q)

換句話說是頂點，明確的是形狀呀

241

$$\int f'(x)\,dx = \int \left\{ a(x-p)^2 + q \right\} dx$$

$$f(x) = a\int (x-p)^2\,dx + \int q\,dx$$

$$= \frac{a}{3}(x-p)^3 + qx + C$$

$$\left(運用\ \left\{ (x-p)^3 \right\}' = 3(x-p)^2 \right)$$

得到這個結果

直接積分 f' 會得到什麼呢？

將 $f(x)$ 的 qx 稍微改變一下

圖表向左移動 P 長度，

向下移動 $qp+C$

$$y = f(x) = \frac{a}{3}(x-p)^3 + q(x-p) + qp + C$$

$$y = \frac{a}{3}x^3 + qx$$

$$\left(移動後，成為 \atop y = f(x) \Rightarrow y + qp + C = f(x+p) \right)$$

成為

$$y = \frac{a}{3}x^3 + qx$$

的確是奇函數形成的原點對稱呢

所以，原來的 $f(x)$ 是點對稱囉

242

這點在下一個問題中非常有用

也就是說在反曲點是點對稱，對不對？

而且，因為對稱中心的 x 座標 p 是 $f'(x)$ 頂點的 x 座標

所以可以得到 $f''(p)=0$

（解）反曲點 Q 的座標
$y'=3x^2-18x+15$
$y''=6x-18=0$
所以 $x=3$，代入 y 式
$\quad y=3^3-9\cdot3^2+15\cdot3+1$
$\quad\quad =-8$
$\quad\quad Q=(3,-8)$
因為 ℓ 通過 $(3,-8)$
$-8=3\cdot a+1$　所以 $a=-3$

（問）
$y=x^3-9x^2+15x+1$
S_1
S_2
$\ell : y=ax+1$

如圖
$S_1=S_2 \Longrightarrow a=\boxed{}$
（大學聯考中心試卷）

你太多了

真好吃♡

老婆！我的肉面積怎麼特別小？

其實是因為昨天……

對稱性非常重要

尤其是**面積相等問題**

老師為什麼特別在意面積問題啊

呆～

牛頓近似

我們來算算 α 的近似值

$y=f(x)$

α

$$\begin{cases} f'(x)>0 \\ f''(x)>0 \end{cases}$$

如圖，向下凸出的遞增函數，x 軸和 α 會交錯

再多練習凹凸的應用

$(a_1, f(a_1))$

嗯……因為切線斜率是……$f'(a_1)$……

取大於 α 的 a_1，在 $(a_1, f(a_1))$ 畫上切線，求和 x 軸的交叉點

a_1

$y=f'(a_1)(x-a_1)+f(a_1)$

假設切線式 $y=0$

交叉點是 $x=a_1-\dfrac{f(a_1)}{f'(a_1)}$

a_1

$a_2=a_1-\dfrac{f(a_1)}{f'(a_1)}$

$a_3=a_2-\dfrac{f(a_2)}{f'(a_2)}$

接著 $(a_2, f(a_2))$ 也以相同的方式推算

切線和 x 軸交叉點為 a_3 時，也會得到同樣的結果

244

我們利用這個來計算 $\sqrt{10}$

的確愈來愈快接近 α 呢！因為切線是曲線的一部分

a_1 a_2 a_3 ……後，會急速接近 α，可以知道持續代入

這稱為「牛頓近似」

如果 $y = f(x) = x^2 - 10$

$\begin{cases} f'(x) = 2x > 0 \ (x > 0) \\ f''(x) = 2 > 0 \end{cases}$

(4, 6)

3

4

-10

若 $a_1 = 4$

$a_2 = 4 - \dfrac{f(4)}{f'(4)} = 4 - \dfrac{6}{8} = \dfrac{13}{4}$

$a_3 = \dfrac{13}{4} - \dfrac{f(\frac{13}{4})}{f'(\frac{13}{4})} = \dfrac{13}{4} - \dfrac{9}{2 \cdot 4 \cdot 13} = 3.163 \cdots$

（實際數值 $\sqrt{10} = 3.16227\cdots$）

變成求 $x^2 - 10 = 0$

所以 $x^2 = 10$　$x = \sqrt{10}$

就是求 $y = x^2 - 10$ 和 x 軸的交叉點囉

只要這麼兩次就能接近 $\sqrt{10}$

微分果然和笛卡兒密不可分啊

因為 $\sqrt{10}$ 的英文唸法是 Deca Root[3] 啊

不對啦！笛卡兒是白蘿蔔[4] 啦！你的冷笑話功力還差得遠呢！

嗚？！

不、不、不

解說

在高中課程中，半徑 r 的球體體積公式及球面表面積公式可以微分和積分相互推算。

這並非純粹計算，而是能透過捲筒衛生紙理論，清楚確認其真正含意。

此外，微分 $f'(x)$ 之後，以 $f''(x)$ 表示。

符號 $f''(x)$ 表示的曲線凹凸，只出現在微分和積分（日本舊版數學III）的微分中。然而，在經濟等領域常出現「〇〇率的遞減法則」。增加率遞減就是曲線向上凸出。因此，對文科學生來說，凹凸其實是非常重要的。

半徑 r 的
球體體積

$$\frac{4}{3}\pi r^3$$

r 的積分 ↑　　↓ r 的微分

$$4\pi r^2$$

半徑 r 的
球面表面積

利用凹凸，可以得到三次函數的點對稱中心，凹凸相連處（稱為反曲點）就是對稱中心。但是，雖然在數學 I（日本課程）曾提到二次函數的對稱性

或頂點，卻幾乎未提及三次函數的對稱性。事實上，三次函數的對稱性非常令人讚嘆，應

用性很高，不應該被漠視。

此外，利用凹凸概念還能求方程式的近似值。只需畫成圖表，就能知道愈來愈接近所

求值。

圓面積循環論法部分，請參照一松信先生的《微分積分學入門》（微分積分学入門，

科學社）。

球面的捲筒衛生紙理論部分，請參照拙作《圖畫微分和積分》（絵でわかる微分と積

分，日本實業出版社）。

註釋

1　「思考」和「尿」、「空想」和「糞」日語發音相似。

2　「支氣管炎」和「奇函數＋圓」日語發音相似。

3 deca是希臘文「10」的意思，root在這裡是「根號」之意；組合兩字的日語發音和「笛卡兒」的日語發音相似。

4 白蘿蔔的日文漢字是「大根」；「大」的發音和「Deca」相似，「根」則是英文「Root」，組合兩字的日語發音也和「笛卡兒」的日語發音相似。

第十章　設法近似 π

——來試試比較複雜的函數——

函數並非僅是多項式。但是微分法只要再增加一些相關的函數，學習合成函數微分法，就萬無一失了。此外，積分有各種方法，了解之後將能一舉擴展視野。因此，本章以 π 的近似計算作為實例。

週期函數的重要性

49頁曾經教大家 x^n 的微分是 nx^{n-1}

讓我們再學學更廣泛的函數

sin 弧線
$y = \sin x$

cos 弧線
$y = \cos x$

這種函數稱為「三角函數」

會循環啊

……所以，計算到一半 $f'(x)$，就能知道，是嗎？

每 2π 就會回到原點，而且原點對稱，是對稱性很強的函數喔

又稱為「週期函數」

我們再同樣畫出

$$y = (\cos x)'$$

$$y = \cos x$$

$y' = 0$

$y' = -1$

$y' = 1$

$y' = 0$

π

2π

$\dfrac{\pi}{2}$

$\dfrac{3}{2}\pi$

$y' = 0$

$\dfrac{\pi}{2}$

π

$\dfrac{3}{2}\pi$

2π

$$y = (\cos x)'$$

這是將 $y = \sin x$ 對稱 x 軸

所以 $y = -\sin x$ 囉

$$(\sin x)' = \cos x$$

$$(\cos x)' = -\sin x$$

這樣一來，就可以求得三角函數的微分

關於 $e = 2.71828\cdots$

$(e^x)' = e^x$

$(\log_e x)' = \dfrac{1}{x}$

原來如此

接下來有點困難，老師先揭曉，結果……

阿郎，你怎麼突然……

搞著是

原來探討週期函數這麼重要

啊

不准亂用週期函數！

調調

喂！在老師下次巡邏週期來到之前，快點給我看！

東瞧西瞧

這次考試應該不會再作弊了……

課本

課本

合成函數的微分是什麼？

$y = \log(\sin x)$

老師！這種怎麼辦呢？

大部分的函數都能夠微分

$y = \log t$
$(\sin x = t)$

$\dfrac{dy}{dx} = \dfrac{d(\log t)}{dx}$

$\left(\dfrac{d\square}{dx} \text{ 是對 } x \text{ 微分 } \square \text{ 的意思} \right)$

雖然是簡單算式，但就是對 x 微分喔

這種混和形式，有特別的方法

假設 $\sin x = t$，然後呢

這裡使用

$$\dfrac{dy}{dx} = \dfrac{dy}{dt} \cdot \dfrac{dt}{dx}$$

這項公式

除以 dt，再乘以 dt，會不會太容易了呢？

接著是下一項公式

$$x \longrightarrow x + \Delta x$$

$$t \longrightarrow t + \Delta t$$

$$y \longrightarrow y + \Delta y$$

可以這麼解釋

x只增加Δx時，t增加Δt，然後y因此增加Δy

$$\frac{dy}{dx} = \left\{ \frac{\Delta y}{\Delta x} \text{ 的 } \Delta x \text{ 趨近 } 0 \text{ 時的值} \right\}$$

$$\frac{dy}{dt} = \left\{ \frac{\Delta y}{\Delta t} \text{ 的 } \Delta t \text{ 趨近 } 0 \text{ 時的值} \right\}$$

$$\frac{dt}{dx} = \left\{ \frac{\Delta t}{\Delta x} \text{ 的 } \Delta x \text{ 趨近 } 0 \text{ 時的值} \right\}$$

微分是增加的比率的極限

這裡的斜率是 Δx→0 時，成為 $\dfrac{dy}{dx}$

Δy

Δx

接著看下一項公式

$$\frac{\Delta y}{\Delta x} = \frac{\Delta y}{\Delta t} \cdot \frac{\Delta t}{\Delta x}$$

$$\frac{dy}{dx} = \frac{dy}{dt} \cdot \frac{dt}{dx}$$

$$y = \log(\sin x)$$

但是要用在什麼地方呢？

$\Delta t \underset{\downarrow}{\to} 0$, $\Delta x \underset{\downarrow}{\to} 0$ 的話，公式就完成囉

$$\frac{dt}{dx} = \frac{d\sin x}{dx} = \cos x$$

$$\frac{dy}{dt} = \frac{d(\log t)}{dt} = \frac{1}{t}$$

$\frac{dt}{dx}$ 還能夠計算

是 $\frac{1}{t}$

假設 $\sin x = t$，$\frac{dy}{dt}$ 會變成怎樣呢？

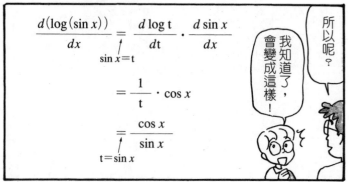

$$\frac{d(\log(\sin x))}{dx} \underset{\sin x = t}{=} \frac{d\log t}{dt} \cdot \frac{d\sin x}{dx}$$

$$= \frac{1}{t} \cdot \cos x$$

$$\underset{t = \sin x}{=} \frac{\cos x}{\sin x}$$

我知道了，會變成這樣！

所以呢？

接著
第二天

校長室

我依照
微分概念，
百分之百地
完成了

喔！
果然有一套！

讓我瞧瞧

喀啪

你根本
只是切成
天女散花
嘛！

这是什麼東西啊！

滿意嗎？

雪片

飄飄

這就是
微分的
本質啊

？

38頁有提到，
微分＝細微分解啊

不過這裡的微分
應該說是處分啦！

難怪我常聽說
數學老師的生活
根本混雜不清，
一片混亂（＊）

？

無法
嚴守
截稿日期

唉？
什麼？

作者

＊數學史上也是，牛頓和漢彌爾頓等數學家雖然理論架構條理分
　明、井然有序，書房卻亂七八糟、雜亂無章

258

部分積分

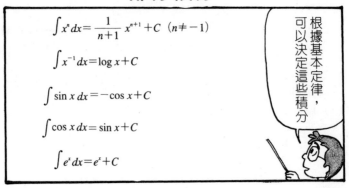

$$\int x^n dx = \frac{1}{n+1} x^{n+1} + C \quad (n \neq -1)$$

$$\int x^{-1} dx = \log x + C$$

$$\int \sin x \, dx = -\cos x + C$$

$$\int \cos x \, dx = \sin x + C$$

$$\int e^x dx = e^x + C$$

根據基本定律，可以決定這些積分

現在已經引進新方法來進行這項計算

老師，$\log_e x$ 的積分怎麼辦呢？

── 乘法微分的公式 ──

$$(f \times g)' = f' \times g + f \times g'$$

不過這裡仍然使用基本定律

首先，用簡單的計算就能計算 $(f \times g)$ 的微分

$$\int (f \times g)' \, dx = \int f' \times g \, dx + \int f \times g' \, dx$$

然後　$\displaystyle\int f' \times g \, dx = \int (f \times g)' \, dx - \int f \times g' \, dx$

$$\therefore \boxed{\int f' \times g \, dx = f \times g - \int f \times g' \, dx}$$

$$y = x^2$$

兩邊對 x 積分，然後呢……

囉……

所以，$f = x$ 且 $g' = \dfrac{1}{x}$

試試看

這裡以 $f' = 1$　$g = \log x$

這個稱為部分積分的公式

依據部分積分

$$\int 1 \times \log_e x \, dx = x \cdot \log_e x - \int x \times \frac{1}{x} \, dx$$

$$\underset{\text{f}'}{\uparrow} \quad \underset{\text{g}}{\uparrow} \qquad \underset{\text{f}}{\uparrow} \quad \underset{\text{g}}{\uparrow} \qquad \underset{\text{f}}{\uparrow} \quad \underset{\text{g}'}{\uparrow}$$

$$= x \log_e x - \int 1 \, dx = x \log_e x - x + C$$

$\int f'g\, dx = fg - \int fg'\, dx$ 的用法

f' 的候補	積分後也不會變複雜	例 e^x, $\sin x$, $\cos x$	x^n
g 的候補	微分後會變得簡單	x^n	$\log_e x$

有一天

部分積分下列函數

小凡

1. $x\cos x$

答 只積分 x，所以

$\int x\, dx = \dfrac{x^2}{2} + C$

（注）正確解答是

$$\int x\cos x\, dx = x\sin x - \int 1\cdot\sin x\, dx$$

$$\underset{g}{\uparrow}\quad\underset{f'}{\uparrow}\qquad\underset{g}{\uparrow}\quad\underset{f}{\uparrow}\qquad\qquad\underset{f}{\uparrow}$$

因為 $g'=1$

$$= x\sin x + \cos x + C$$

你寫的答案究竟是怎麼回事？

咦？我很認真作答啊──

老師明明說部分積分啊

嘻嘻

沒救了

換元積分

$$\int f(x)\,dx$$

$$\Downarrow$$

$$\int f(\varphi(t))\,dx \quad \leftarrow 簡潔！$$

264

讓我們來看些實例

雖然解法耍了些手段

但是絕對能夠確實證明

呵

*這裡暫不說明計算，但其實並不困難

$x > 0$ 時

$$\int e^{x^2} x \, dx$$

假設 $x^2 = t$　$x = \sqrt{t}$

$$\frac{dx}{dt} = \frac{d\sqrt{t}}{dt} = \frac{1}{2} \frac{1}{\sqrt{t}}$$

$$= \int e^t \cdot \sqrt{t} \cdot \frac{1}{2} \frac{1}{\sqrt{t}} \, dt$$

$$= \frac{1}{2} \int e^t \, dt$$

$$= \frac{1}{2} e^t + C = \frac{1}{2} e^{x^2} + C$$

$x^2 = t$

這裡不多做深入解釋……

換元有各種方法

以辛普森公式計算 π

所以無法積分嗎？

不過，即使不斷換元，還是有無法算出不定積分的時候

真的嗎～

只是……無法找出賦予面積的函數

不過能夠畫出圖表，有面積的話，

就能夠積分了

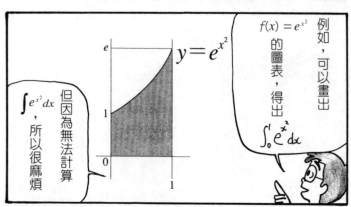

例如，可以畫出 $f(x) = e^{x^2}$ 的圖表，得出 $\int_0^1 e^{x^2} dx$

但因為無法計算 $\int e^{x^2} dx$，所以很麻煩

$y = e^{x^2}$

大家算算看
通過圖中三點的
二次曲線
所涵蓋的面積

$y = ax^2 + bx + c$

再加上
通過三點的
條件……

$y = ax^2 + bx + c$

因為通過 $(0, q)$

$$c = q \quad\text{————————} \text{①}$$

因為通過 (h, r)

$$r = ah^2 + bh + c \quad\text{——} \text{②}$$

因為通過 $(-h, p)$

$$p = ah^2 - bh + c \quad\text{——} \text{③}$$

另一方面

$$\int_{-h}^{h} \left(ax^2 + bx + c \right) dx$$

$$= 2\left[\frac{ax^3}{3} + cx \right]_0^h = \frac{2\left(ah^3 + 3ch \right)}{3}$$

將 ①～③ 代入 $\dfrac{h}{3}(p + r + 4q)$

雖然有點麻煩，
但是在基礎解析範圍
就可以解決

270

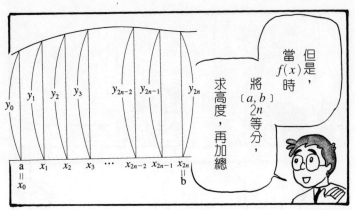

但是，
當 $f(x)$ 時，
將 $[a,b]$ 2n 等分，
求高度，再加總

但是，h 是區間幅度

$$\frac{h}{3}\{(y_0+4y_1+y_2)+(y_2+4y_3+y_4)+\cdots\cdots$$
$$\cdots\cdots+(y_{2n-2}+4y_{2n-1}+y_{2n})\}$$

在各三點思考拋物線

所以以曲線求近似值比較正確啊

這種計算方法與梯形公式比起來可以獲得精準度非常高的值

接著來應用看看，大家想想

$$\int_0^1 \frac{dx}{1+x^2}$$

這也不能使用不定積分嗎？

$$\int_0^1 \frac{dx}{1+x^2} = \int_0^{\frac{\pi}{4}} \frac{1}{1+\tan^2\theta} \cdot \frac{1}{\cos^2\theta} d\theta$$

假設 $x = \tan\theta$

$$\frac{dx}{d\theta} = \frac{d\tan\theta}{d\theta}$$

$$= \frac{1}{\cos^2\theta}$$

x	$0 \longrightarrow 1$
θ	$0 \longrightarrow \frac{\pi}{4}$

不，不只要用剛才的換元，不過……

$$= \int_0^{\frac{\pi}{4}} \frac{1}{1+\dfrac{\sin^2\theta}{\cos^2\theta}} \cdot \frac{1}{\cos^2\theta} d\theta$$

$$= \int_0^{\frac{\pi}{4}} \frac{1}{\cos^2\theta + \sin^2\theta} d\theta$$

$$= \int_0^{\frac{\pi}{4}} d\theta = [\theta]_0^{\frac{\pi}{4}}$$

$$= \frac{\pi}{4}$$

272

$$y = \frac{1}{1+x^2}$$

$$\frac{1}{1+\left(\frac{3}{4}\right)^2}$$

$$\frac{1}{1+\left(\frac{1}{4}\right)^2} \qquad \frac{1}{1+\left(\frac{1}{2}\right)^2}$$

$$\frac{1}{1+\frac{1}{16}} \qquad \frac{1}{1+\frac{9}{16}}$$

$$\frac{1}{1+\frac{1}{4}}$$

0.4637   0.3217

$$0.4637 + 0.3217 \doteqdot 0.7854$$

這是 $\frac{\pi}{4}$

然後 $\pi \doteqdot 4 \times 0.7854$
$\doteqdot 3.1416$

以辛普森公式求 π 的近似值

$\frac{\pi}{4}$ 只需要四等分就行了

$\pi \doteqdot 3.1416$

可以得到相當接近 π 的近似值

哇！真是令人意外呢

嘻皮笑臉的有不祥預感……

嘿嘿

我現在才知道耶……

神父竟然是痴漢，會暴露乳房③啊……

哇——！

色狼！

神父原來是女人啊

解說

三角函數、對數函數、指數函數等微分使用一些極限計算。高中數學也教授極限問題。我覺得極限計算相當有趣，如果在這方面遇到挫折放棄，實在很可惜。

我認為，即使在高中也無法教授嚴密的極限計算（例如無法嚴密計算自然對數底 e 的存在）；既然無法徹底傳授，不如乾脆忽略極限計算，這或許是個不錯的想法。因為在本章的三角函數中必須畫出曲線圖，並畫出適當的切線，才能看出微分後的函數。對數函數和指數函數的微分也是一樣。然後，只需適當應用微分公式，就幾乎毫無問題了。

本章說明其他章節用過的合成函數微分法、部分積分和換元積分。坊間有各式各樣與計算相關的參考書，請自行挑選練習。

最後，本章舉出以辛普森公式計算近似值的例子。事實上，不需要花費太多工夫計算，就可以得到小數點後第四位的 π 近似值。曲線以曲線求近似，而且函數形式並不複雜，因此能夠獲得正確數值。

274

註釋

1　「換元」、「痴漢」、「時間」日語發音相似。

2　「神父」和「辛普森」日語發音相似。

3　「乳房」和「π」日語發音相似。

附錄 人物小傳

巴洛 Isaac Barrow, 1630-1677 英國古典學者、神學家和數學家，牛頓的老師。他研究出一種用於判定切線的近似微積分的方法，最早認識到微積分中的積分與微分互為逆運算。

牛頓 Isaac Newton, 1642-1727 英國數學家和物理學家，微積分主要創造者，萬有引力理論創建者。

卡瓦列里 Francesco Bonaventura Cavalieri, 1598?-1647 義大利數學家、天文學家和物理學家，對現代科學思想的發展有傑出貢獻。

白努利 Daniel Bernoulli, 1700-1782 瑞士數學家，以微積分確定曲線的長度和面積，對微分方程理論也有貢獻。

西尼加 Lucius Annaeus Seneca, c.4BC-65AD 羅馬哲學家、政治家、雄辯家和悲劇作家，也是1世紀中期羅馬學術界的領袖人物。在54年至62年尼祿（Nero）統治的第一階段期間，他是實際的統治者。

西塞羅 Marcus Tullius Cicero, c.106-43BC 羅馬政治家、律師、古典學者和作家。

克卜勒 Johannes Kepler, 1571-1631 德國天文學家和數學家，以發現行星運動三大定律聞名。

伽利略 Galileo Galilei, 1564-1642 義大利數學家、物理學家和天文學家，近代實驗科學的奠基者之一，科學革命先驅。

沃利斯 John Wallis, 1616-1703 英國數學家，對微積分的發源有重大貢獻，牛頓之前最具影響力的英國數學家。

辛普森 Thomas Simpson, 1710-1761 英國數學家和發明家，確立求取定積分的辛普森公式。

狄德金 Richard Dedekind, 1831-1916 德國數學家，借助算術概念重新定義無理數，並在代數數論的創建工作中提出數域、環、理想等基本概念。

克羅內克 Leopold Kronecker, 1823-1891 德國數學家，主要貢獻領域為方程論和高等代數。

278

阿波羅尼奧斯　Apollonius of Perga, c.262-c.190BC　古希臘數學家，著作《圓錐曲線》（Conics）是古代科學巨著之一。

拉格朗日　Joseph-Louis Lagrange, 1736-1813　法國─義大利數學家，對分析和數論的各個領域及分析力學和天體力學都有傑出貢獻。

阿基米德　Archimedes, 287-212BC　古希臘偉大的數學家和力學家，系統性地使用窮盡法（method of exhaustion）計算面積與體積，微積分的先驅者。

拉普拉斯　Pierre-Simon, Marquis de Laplace, 1749-1827　法國數學家和天文學家，研究太陽系穩定性的動力學問題，有「法國的牛頓」美譽。

柯西　Augustin-Louis Cauchy, 1789-1857　法國數學家，在數學分析和置換群理論方面有開拓性研究，也是微積分嚴格化的第一人。

哈雷　Edmond Halley, 1656-1742　英國天文學家，1705年運用牛頓新的運動定律，準確預言日後稱為哈雷彗星（Halley's Comet）的那顆彗星將在1758年返回太陽系內部。

哈維　William Harvey, 1578-1657　英國醫生、生理學家、解剖學家和胚胎學家，提出血液循環論，為近代生理學和醫學的發展奠定基礎。

馬克勞林　Colin MacLaurin, 1698-1746　英國數學家，拓展牛頓在微積分、幾何和引力方面的研究。

泰勒　Brook Taylor, 1685-1731　英國數學家，對發展微積分做出貢獻，1715年提出泰勒級數（Taylor series）。

高斯　Carl Friedrich Gauss, 1777-1855　德國數學家，和阿基米德、牛頓並列歷史上最偉大的數學家。

笛卡兒　René Descartes, 1596-1650　法國哲學家、數學家、物理學家和自然科學家，創建解析幾何。

萊布尼茲　Gottfried Wilhelm Leibniz, 1646-1716　德國自然科學家、數學家和哲學家，著名理論為單子論（Monadology）。他和牛頓先後獨立發明微積分，微積分中的數學符號也是其偉大成就之一。

康托爾　Moritz Benedikt Cantor, 1845-1918　德國數學史家，創立19世紀數學最偉大成就之一的「集合論」（set theory）。

莫佩爾蒂　Pierre-Louis Moreau de Maupertuis, 1698-1759　法國數學家和天文學家，1732年把牛頓的引力學說引介至法國，1736年率領一個考察隊到拉普蘭沿子午線測量每一度的長度，證實牛頓的學說，即地球是一個扁球（兩極扁平的球體）。

畢達哥拉斯　Pythagoras, 582-507BC　希臘哲學家和數學家，提出著名的畢氏定理（Pythagorean theorem）。

費馬　Pierre de Fermat, 1601-1665　法國數學家，與笛卡兒同為17世紀前半的重要數學家，費馬大定理（或稱費馬最後定理）是數學史上著名的難題。

達朗貝爾　Jean le Rond d'Alembert, 1717-1783　法國物理學家、數學家和天文學家。

漢彌爾頓　Sir William Rowan Hamilton, 1805-1865　愛爾蘭物理學家和數學家，最大成就是發明四元數（quaternions），廣泛運用於物理學各方面；他還統一動力學和光學，對數學及物理領域影響深遠。

歐拉　Leonhard Euler, 1707-1783　瑞士數學家和物理學家，純粹數學奠基人之一，在幾何學、微積分、力學和數論等方面都有重大的開創性貢獻。

歐幾里得　Euclid, c.365-c.280BC　古希臘數學家，著名著作《幾何原本》（The Elements）對幾何學、數學和科學的未來發展有深遠影響。

龐加萊　Henri Poincaré, 1854-1912　法國數學家、理論天文學家和哲學家，提出最著名數學問題之一的「龐加萊猜想」（Poincaré conjecture）。

附錄 名詞解釋

二次函數　quadratic function　形如 $y=ax^2+bx+c$（$a\neq0$，a、b、c 皆為常數）的函數。

二次微分　second-order differentiation　對一個含有一階導數和二階導數，而不含更高階層數的方程式微分。

二次曲線　cubic spline　方程式中自變數為三次者，其所表之曲線為三次曲線。

三次函數　cubic function　形如 $y=ax^3+bx^2+cx+d$（$a\neq0$，a、b、c、d 皆為常數）的函數。

三角函數　trigonometric function　代表直角三角形邊長比值的六個函數（正弦、餘弦、正切、餘切、正割、餘割）。

不定積分　indefinite integral　設 $F(x)$ 為函數 $f(x)$ 在某區間內的一個原函數，其原函數的全體 $F(x)+C$ 叫作 $f(x)$ 的不定積分，寫作 $\int f(x)\,dx=F(x)+C$。

反曲點　inflection point　切線穿過曲線的一點，即曲線在該點由凸轉凹，或由凹轉凸。函數在反曲點的二階導數為 0，且二階導數在這點改變符號。

牛頓法則　Newton's method　又稱牛頓—拉弗森法（Newton-Raphson method），求一次可微函數極小值的方法。牛頓法則可應用於一個函數的梯度，作為求近似臨界點的方法。

卡瓦列里原理　Cavalieri's Principle　一、如果兩立體具有同樣的高度，而且與底等高且平行於底面的截面積兩兩成固定的比值，則這兩個立體的體積比等於該固定的比值。二、如果兩面積具有同樣的高度，而且與底等高且平行於底線的截線長兩兩成固定的比值，則這兩個面積的比等於該固定的比值。（引自《微積分史話》，曹亮吉教授著）

合成函數　composite function　如果 y 是 u 的函數，而 u 又是 x 的函數，即 $y=f(u)$、$u=g(x)$，那麼 y 關於 x 的函數 $y=f[g(x)]$ 就是函數 $f(u)$ 和 $g(x)$ 的合成函數。

282

有理數 rational number　整數和分數統稱為有理數。任何一個有理數都可以寫成分數形式：m/n（m、n均為整數，且$n\neq0$）。

自然對數 natural logarithm　以自然基底 e 為底的對數。通常寫作 $\ln(x)$ 或 $\log_e(x)$。

克卜勒定律 Kepler's laws　行星運動的三項定律：(1)軌道定律：以太陽為中心，每一行星軌道皆為橢圓；(2)面積定律：每一行星的矢徑（太陽中心和行星中心的連線）在等時間內掃過的面積相等；(3)週期定律：行星繞太陽運動週期的二次方和其橢圓軌道的長半軸的三次方成正比。

克羅梭曲線 clothoid curve　又稱柯奴螺線（Cornu spiral）。形式為 $x=C(t)$、$y=S(t)$ 的曲線。

辛普森公式 Simpson's formula　以二次項之和近似積分的方法。

函數 function　數學中的一種表述、規則或定理，界定一個變數（自變數）與隨之改變的另一個變數（因變數）之間的關係。設在某變化過程中有兩個變量 x 和 y，變量 y 隨著變量 x 共同變化，而且依賴於 x。如果對於 x 的每一個確定的值，依某個對應關係，y 都有確定的值與其對應，則 y 叫作 x 的函數，寫作 $y=f(x)$。

奇函數 odd function　當自變量改變符號時，函數改變符號，但絕對值不變的函數，使得 $f(x)=-f(-x)$。例如：$f(x)=\sin x$。

定義域 domain　使函數值 y 有意義，此 x 的集合即函數 f 的定義域。

定積分 definite integral　計算正函數的不定積分在兩個積分限之間取值的表示式。代表給定函數的曲線與 x 軸在表示兩個積分限的 x 值之間的面積。

拓撲學 topology　描述圖形不受伸縮或扭結等連續變形影響其性質的幾何學分支。拓撲學的概念和方

指數函數　exponential function　對數函數的逆函數。

值域　range　所有函數值所成的集合。例如：$y=f(x)$，凡函數f在x的值，能使函數值y有意義，此y的集合即函數f的值域。

偶函數　even function　當自變量改變符號時，函數的符號和絕對值均不變的函數，使得$f(x)=f(-x)$。例如：$f(x)=\cos x$。

常數　constant　代數表示式的數值表示部分。例如：$x+7$中，7是常數。

斜率　slope　曲線在1給定點的梯度。

笛卡兒座標　Cartesian coordinate　一種座標系。點的位置是由此點到軸的距離決定。在二維的條件下，使用兩直線，二線交角通常為直角，形成直角座標。水平軸是x軸且垂直軸為y軸，兩軸交點0是座標的原點。

部分積分　integration by parts　用來積分相乘函數的技巧，導自微分乘積法則。

換元積分　integration by substitution　求積分的一種常用方法，由合成函數求導法則和微積分基本定理推導而來。使用時，依據被積表示式的特點選用。同一積分可用不同的置換，其結果只相差一個任意常數。

無限　infinite　數學中指無限次重複某動作的一個有用概念，表示符號為∞。

無理數　irrational number　實數中無法以整數的商數表示的數。例如：質數的平方根及超越數如π和e。

等差數列　arithmetic sequence　從第一項起，每一項減去前面緊鄰的一項，所得的差都等於某一常數

的數列。這個常數稱為公差，通常用 d 表示。例如：數列 1,3,5,7…（2n-1）。

費馬大定理 Fermat's Last Theorem　又稱費馬最後定理。在 n 大於 2 的情況下，使 $x^n + y^n = z^n$ 成立的自然數 x、y、z 不存在。數學家一直對這個命題感到困惑，因為他們不能證明它成立，也不能做反證。最後英國數學家懷爾斯（Andrew Wiles, 1953- ）在學生泰勒（Richard Taylor, 1962- ）的幫助下完成證明，解決了這個最著名的數學難題。

週期函數 periodic function　對於函數 $y=f(x)$，如果存在一個不為 0 的常數 T，使得當 x 取定義域內的每一個值時，$f(x+T)=f(x)$ 都成立，$y=f(x)$ 就是週期函數。

微分 differential　數學分析的一個分支，找出函數的變化率相對於其相關變數，典型的應用包括找出函數的最大值與最小值，解決最佳化的實務問題。

微積分 calculus　數學分析的一個分支，17 世紀末分別由牛頓和萊布尼茲發現，最初研究函數在獨立變量做無窮小變化時的性質，現代則以函數的極限作為基本概念。

極值 extremum　在數學中，函數為最大（極大）值或最小（極小）值的任何一點，分為絕對及相對（局部）極大值與極小值。

解析幾何 analytic geometry　幾何學的一門分科，包括平面解析幾何和空間解析幾何。借助座標系來研究幾何對象，因笛卡兒是把代數運用於幾何的第一人，亦稱笛卡兒幾何或座標幾何。

實數 real number　數學中能用有限或無限位小數表示的量。計數的數、整數、有理數和無理數都是實數，用於測量連續變化的量，如體積和時間。

對數函數 logarithm function　設 $a>0$ 且 $a\neq1$，$x>0$，$f(x)=\log_a x$ 稱為以 a 為底數的對數函數。

遞增函數 increasing function　當函數值 y 隨著 x 值增加而增加的函數。

導數 derivative 微分的基本概念，函數的改變相對於獨立變數改變的比率，又稱微分係數。例如，路程對於時間的導數便是速度。

積分 integral 微分的逆步驟，涉及函數所圍成的區域的面積與數量。

科普漫遊 FQ1010X

漫畫微積分入門
輕鬆學習、快樂理解微積分的第一本書

作　　　者　岡部恒治
繪　　　者　藤岡文世
譯　　　者　蔡青雯
副總編輯　劉麗真
主　　編　陳逸瑛、顧立平

發　行　人　涂玉雲
出　　版　臉譜出版
　　　　　城邦文化事業股份有限公司
　　　　　台北市中山區民生東路二段141號5樓
　　　　　電話：886-2-25007696　傳真：886-2-25001952
發　　行　英屬蓋曼群島商家庭傳媒股份有限公司城邦分公司
　　　　　台北市中山區民生東路二段141號11樓
　　　　　客服服務專線：886-2-25007718；25007719
　　　　　24小時傳真專線：886-2-25001990；25001991
　　　　　服務時間：週一至週五上午09:30-12:00；下午13:30-17:00
　　　　　劃撥帳號：19863813　戶名：書虫股份有限公司
　　　　　讀者服務信箱：service@readingclub.com.tw
香港發行所　城邦（香港）出版集團有限公司
　　　　　香港灣仔駱克道193號東超商業中心1樓
　　　　　電話：852-25086231　傳真：852-25789337
　　　　　E-mail：hkcite@biznetvigator.com
馬新發行所　城邦（馬新）出版集團 Cité (M) Sdn Bhd
　　　　　41, Jalan Radin Anum, Bandar Baru Sri Petaling, 57000 Kuala Lumpur, Malaysia
　　　　　電話：603-90578822　傳真：603-90576622
　　　　　E-mail：cite@cite.com.my

二版一刷　2015年8月4日

城邦讀書花園
www.cite.com.tw

版權所有・翻印必究（Printed in Taiwan）
ISBN 978-986-235-457-5

定價：280元　　　　　　　　（本書如有缺頁、破損、倒裝，請寄回更換）

國家圖書館出版品預行編目資料

漫畫微積分入門：輕鬆學習、快樂理解微積分的第一本書／
岡部恒治著；藤岡文世繪；蔡青雯譯. --二版.--臺北市：臉譜，
城邦文化出版：家庭傳媒城邦分公司發行, 2015.08
　　面；　公分. --（科普漫遊；FQ1010X）
譯自：マンガ・微積分入門：楽しく読めて、よくわかる

ISBN 978-986-235-457-5（平裝）

1. 微積分　2. 漫畫

314.1　　　　　　　　　　　　　　　　　　　104011248